YR 幸运萝卜

八洲理想白萝卜

白马美浓萝卜

白甜萝卜

白玉春萝卜

白玉夏萝卜

板叶满堂红

长春大根萝卜

长春大型萝卜

长春大型2号萝卜

超盛白萝卜

成功跃进萝卜

成味萝卜

穿心红萝卜

春白2号萝卜

春白王萝卜

春白玉萝卜

春红1号萝卜

春雷萝卜

春雪光F_1萝卜

春雪剑F_2萝卜

春雪莲 F_1 萝卜

春勇萝卜

春玉白萝卜

大青皮萝卜

大跃进萝卜

德高青萝卜

顶上盛夏萝卜

短叶 13 号萝卜

福天下萝卜

福味萝卜

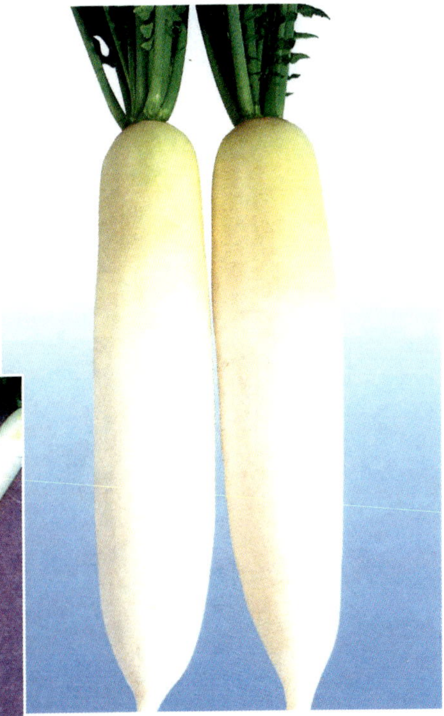

富春大根萝卜

干自慢白萝卜

干渍理想白萝卜

勾白萝卜

故乡叶萝卜

含香叶萝卜

寒春青首萝卜

寒春青首2号萝卜

寒玉萝卜

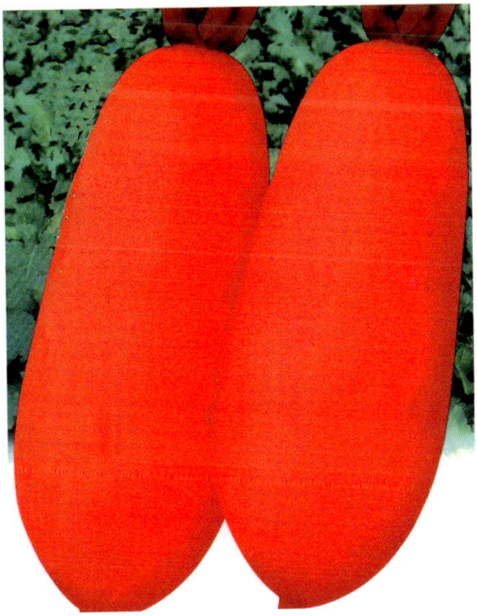

汉选1号萝卜

旱红萝卜

红宝萝卜

红宝石樱桃萝卜

红丁水萝卜

红丰1号红萝卜

红铃樱桃萝卜

红葡萄樱桃萝卜

红禧萝卜

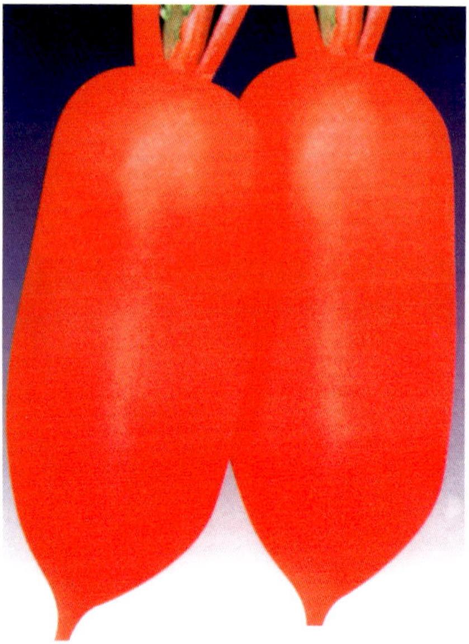

红秀红萝卜

红樱桃 101 樱桃萝卜

红玉萝卜

晋萝卜 1 号

井田春白萝卜

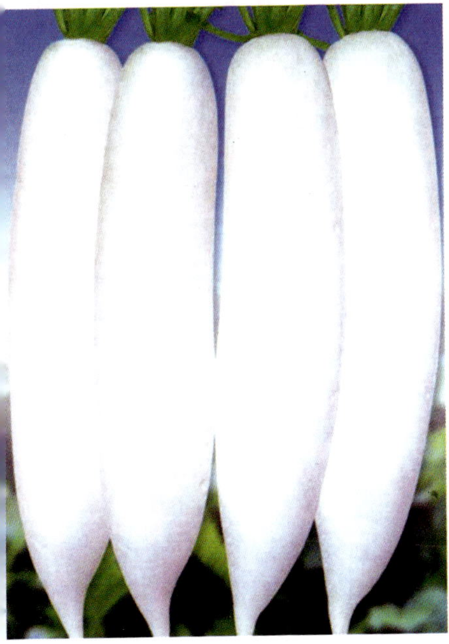

抗热 40

立春大根萝卜

鲁春萝卜1号

美心小萝卜

美玉大根萝卜

南京红萝卜

南畔洲萝卜

廿日白萝卜

廿日大根樱桃红萝卜

农春大根萝卜

千禧2号白萝卜

千禧1号白萝卜

浅渍理想白萝卜

青白萝卜

青叶春不老萝卜

青珍珠萝卜

青风萝卜

清夏美浓萝卜

秋光萝卜

神明小萝卜

双红1号红萝卜

四季红萝卜

四月白萝卜

太青萝卜

太阳萝卜

晚抽大吉萝卜

维县青萝卜

武青1号萝卜

武杂3号萝卜

夏长白2号白萝卜

夏脆萝卜

夏得萝卜

夏红玉萝卜

夏跃进萝卜

笑头红萝卜

徐州大红袍萝卜

雪美人樱桃萝卜

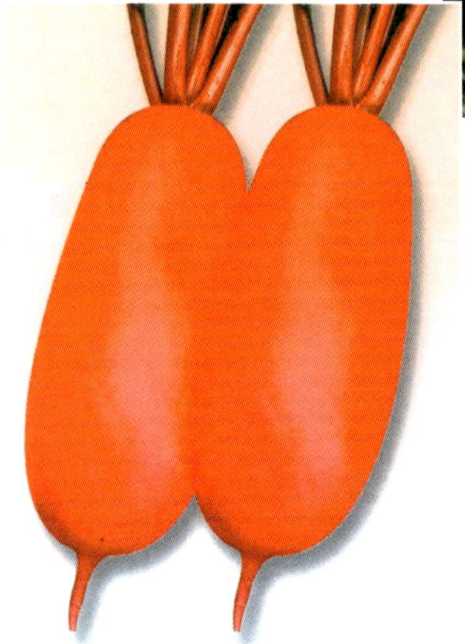
胭脂萝卜

扬花萝卜

一点红萝卜

樱桃萝卜——罗塔

樱桃小萝卜——美女

玉蛟龙萝卜

圆白萝卜

浙大长萝卜

真冬跃进萝卜

真味小型萝卜

中秋红萝卜

紫蝶樱桃萝卜

渍得萝卜

渍上手萝卜

二、胡萝卜优良品种

八江新黑田五寸胡萝卜

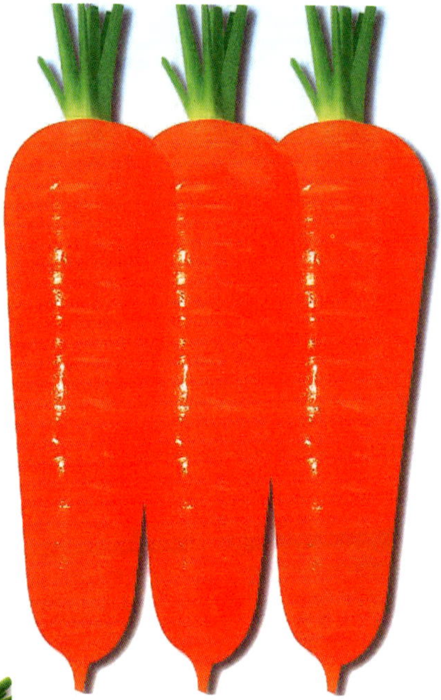

超级黑田五寸人参胡萝卜

春寒五寸参胡萝卜

春红 F_1 胡萝卜

春莳鲜红五寸胡萝卜

春禧 1 号 F_1 胡萝卜

冬越鲜红五寸胡萝卜

多福五寸胡萝卜

改良新黑田五寸参胡萝卜

改良新黑田五寸胡萝卜

高品质三红五寸参胡萝卜

关东寒越胡萝卜

汉中七寸参胡萝卜

红福 301F₁ 胡萝卜

红心大根胡萝卜

红芯 4 号胡萝卜

红芯 2 号胡萝卜

红芯 1 号胡萝卜

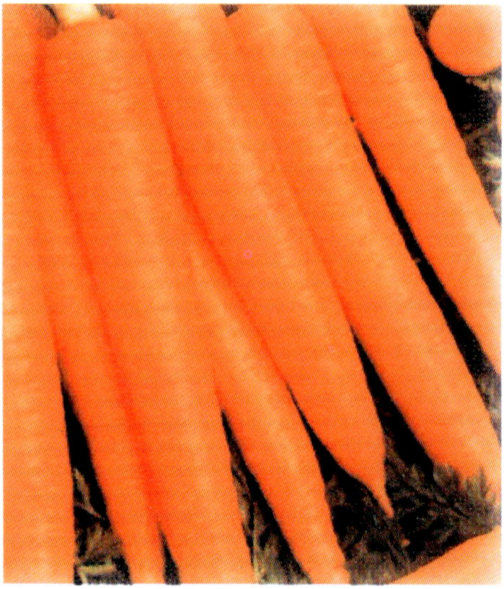

红宇F_1胡萝卜

红玉春莳五寸人参胡萝卜

红誉五寸胡萝卜

胡萝卜CH1070

胡萝卜 CH1076

胡萝卜 CH1082

胡萝卜全红 2 号

金红 2 号胡萝卜

金红1号胡萝卜

精选齐头黄胡萝卜

井田新黑田五寸胡萝卜

橘红 1 号胡萝卜

梅亚金红 101 胡萝卜

美农新黑田五寸胡萝卜

明珠五寸胡萝卜

齐诺五寸胡萝卜

瑞可胡萝卜

三红胡萝卜

特选新黑田五寸参胡萝卜

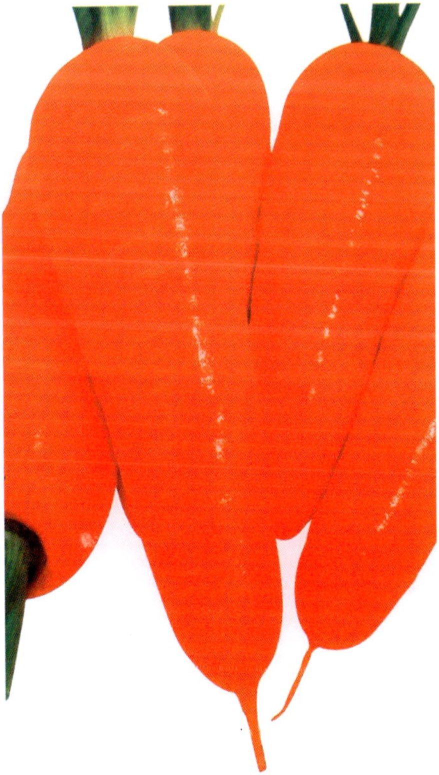

同禧三红胡萝卜

透心红胡萝卜

托福黑田五寸胡萝卜

五寸人参胡萝卜

夏莳五寸胡萝卜

新黑田五寸 101 胡萝卜

新黑田五寸胡萝卜

新黑田五寸人参胡萝卜

新红胡萝卜

英雄F_1胡萝卜

樱桃人参

玉合牌新黑田五寸胡萝卜

正大三红五寸参胡萝卜

三、其他根菜类优良品种

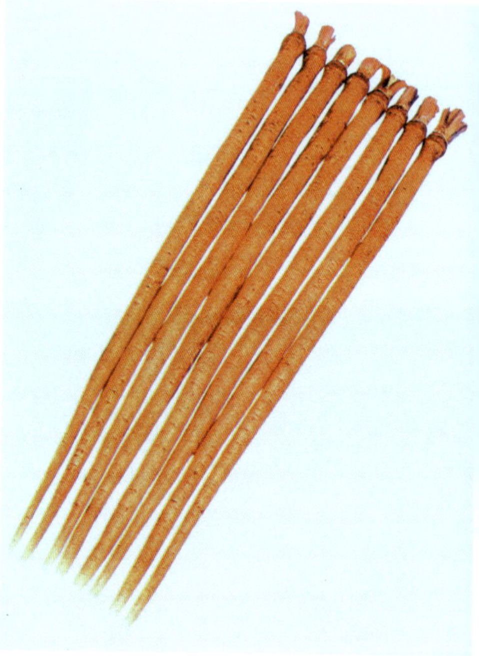

东北理想（牛蒡）

根芹菜

蔬菜良种引种丛书

根菜类蔬菜良种引种指导

GENCAILEI SHUCAI LIANGZHONG YINZHONG ZHIDAO

编著者
赵志伟 司家钢 刘继英 庄飞云

金盾出版社

内 容 提 要

本书简要介绍了根菜类蔬菜良种在生产中的重要性、良种标准、种子质量的鉴定与识别和良种引种的基本原则与方法。从全国上百家科研单位和种子公司的1000多个根菜类蔬菜品种中筛选出164个萝卜良种、54个胡萝卜良种以及5个其他根菜类良种，简明扼要地介绍了每个品种的来源、特征特性、栽培要点、适宜种植地区及供种单位。品种丰富，涵盖面广，实用性强；文字通俗简练，图文并茂，是指导广大菜农、蔬菜生产单位及基层农业科技人员引进良种的重要实用技术书籍。

图书在版编目(CIP)数据

根菜类蔬菜良种引种指导/赵志伟等编著.—北京:金盾出版社,2003.11
(蔬菜良种引种丛书)
ISBN 7-5082-2751-4

Ⅰ.根…　Ⅱ.赵…　Ⅲ.根菜类蔬菜-引种　Ⅳ.S631.022

中国版本图书馆CIP数据核字(2003)第091629号

金盾出版社出版、总发行
北京太平路5号(地铁万寿路站往南)
邮政编码:100036　电话:68214039　66882412
传真:68276683　电挂:0234
彩色印刷:北京百花彩印有限公司
黑白印刷:北京万兴印刷厂
各地新华书店经销
开本:850×1168 1/32　印张:6.25　彩页:48　字数:113千字
2003年11月第1版第1次印刷
印数:1—11000册　定价:13.00元

序 言

自20世纪80年代以来,随着我国国民经济的迅速增长、科学技术的进步和蔬菜产销体制的不断改进,我国的蔬菜产业有了迅猛发展。据统计,2001年我国蔬菜播种面积达到1 630多万公顷,总产量4.8亿余吨,人均占有量为384千克,我国成为世界第一大蔬菜生产国是当之无愧的。全国蔬菜总产值近3 000亿元,占种植业产值的18.5%,出口创汇总值约17亿美元。蔬菜的鲜食和加工产品远销世界120多个国家,成为我国进行农业结构调整和发展创汇农业的重要支柱产业。当前蔬菜产销面临的形势是:消费者对蔬菜产品的需求正处于从数量消费型向质量消费型过渡的历史性转变时期,蔬菜产销体系从"城郊型"向"区域互补型"转移,形成了多层次、多流向、互动式的网状布局态势。在我国加入世界贸易组织(WTO)后,蔬菜产品面临着新的机遇和挑战。面对如此重大的变化,要求蔬菜产业必须依靠技术进步,按照市场要求调整优化蔬菜生产布局和品种结构,培育和发展优势产业和特色产业,稳定地提高蔬菜产业的效益。大力选育和推广蔬菜的优良品种,是实现上述任务的重要技术措施之一。

优良品种是生产优质、高产、高效蔬菜的物质基础。我国国营和民营的育种研究成绩显著,新品种的开发推广工作异常活跃,蔬菜种子产业蓬勃发展,呈现出一派繁荣景象。目前大中城市上市的蔬菜种类有100余种,品种数以千计,仅20世纪80年代以来育成并通过国家或省级农作物品种审定委员会审(认)定的蔬菜新品种就有1000余个,主要蔬菜作物的良种已更新了3~4代,良种覆盖率达90%以上;蔬菜种子行业正向着育繁销一体化的方向迈进。

为指导蔬菜生产者选择适宜的优良品种,发挥优良品种增产增收的潜力,向种子经销部门、技术推广部门和广大生产者提供蔬菜优良品种的有关信息,金盾出版社策划出版了“蔬菜良种引种丛书”。本“丛书”按蔬菜大类分为6个分册,各分册均约请中国农业科学院蔬菜花卉研究所知名专家编著,他们长期从事蔬菜育种和良种推广工作,具有深厚的理论功底和丰富的实践经验。因此,“丛书”既具权威性,又有可操作性。“丛书”向广大读者分别介绍了各类蔬菜的良种标准和鉴定方法,影响种子质量的重要因素,优良品种的名称、特性和栽培技术要点,同时也提供了供种单位及其联系方式,可以帮助大家解决在种植和引种蔬菜良种时遇到的种种疑难问题和困惑。

我衷心希望本“丛书”的出版,能为广大蔬菜种植者和蔬菜种子的经销者带来最新的信息和选用良种时所必备的科技知识,在推动我国的蔬菜产业再创辉煌的进程中发挥积极的作用。

中国工程院院士
中国园艺学会副理事长　方智远

2003年4月

前 言

蔬菜品种是人类在一定的生态和经济条件下，根据自己的需要而创造的某种栽培植物的一个群体。它具有相对的遗传稳定性，在一定的栽培环境条件下，个体间在形态、生物学和经济性状方面保持相对的一致性，在产量、品质和适应性等方面符合一定时期内的生产和消费者的需要。动植物品种是农业生产重要的物质基础，通过它可以获得具有一定经济价值、品质优良的产品，并达到高额而稳定的产量。蔬菜品种具有植物品种的共同特性，保持对一定生态的适应性，遗传的稳定性，以及群体内个体间在形态、生物学和经济性状方面的相对的一致性，并能满足一定的消费和生产的需求。根菜类品种是蔬菜品种的重要组成部分，它在我国蔬菜生产中的地位日益重要，而且栽培面积日益扩大。

优良品种在农业生产中的地位、重要性和时效性越来越被人们重视，我国广大农民选用优良品种的意识也越来越强。在相同的自然条件、栽培条件下，如果选用优良品种，在不增加劳动力、肥料及其他农业投入的情况下，可以获得更多、更为优质的产品以及更高的经济效益。优良品种在蔬菜生产中的作用更为突出、更为明显。优良品种在根菜类蔬菜生产中也越来越重要，萝卜生产中杂种一代品种的使用率几乎达到了100%，胡萝卜的优良品种越来越多，并且杂交品种已成为生产发展的趋势。杂交种替代传统常规品种是人类生产过程中的一个飞跃，不仅显著提高了产量，而且抗病性和品质等各个方面均得到了进一步改良。人类利用杂种优势选育出了大量的蔬菜优良品种,并且将有更多的杂种品种涌现出来。

影响蔬菜生产的因素主要表现在两个重要的方面:良种和良法。良种是指优良品种,良法是指优良的栽培技术。蔬菜生产除掌握先进的栽培技术外,优良品种是提高产量、品质和抗病性的关键。通过推广优良的蔬菜品种,可以不断提高蔬菜的产量,而且可以根据不同品种的成熟期、适应性等,安排不同栽培季节,达到周年平衡的蔬菜供应;通过推广抗病的优良品种,可以减少农药的使用量,降低成本,减少蔬菜产品的农药残留,保证消费者的身体健康;通过推广优良品种,可以根据不同品种的特性,满足生产和消费的不同需求。如胡萝卜,有适合不同消费需求的品种,通过选用胡萝卜素含量高的品种作为生产胡萝卜汁的原料,可使胡萝卜汁的品质指标明显提高,大大提高胡萝卜汁加工品的产值和竞争力;通过选择外表光滑、单根重较大,整齐性好的黑田五寸类胡萝卜优良品种,可以满足外销日本、韩国等鲜食市场的需求。随着我国加入世界贸易组织以及人民生活水平的不断提高,使优良品种的推广和利用的优势,变得更加突出。

植物引种、驯化在农业社会的初期就已经开始了,至今已有相当悠久的历史。所谓引种,是指物种和品种的定向迁移;所谓驯化,则是人类对植物适应新的地理环境能力的利用和改造。引种和驯化是一个整体的相互联系的两个方面。引种主要从生产的实际需要出发,把外地域或外国的优良品种和品系通过适应性试验直接在本地或本国推广、使用。此外,引种在更广泛的意义上还包括用于育种材料的外地品种资源和野生资源的引进和使用。驯化是在引种基础上开展的增强品种适应性的改造过程。引种是普及和推广优良品种,提高农业生产效率的最为快捷的方式,简便易行,经济有效。

为更好地加快蔬菜新品种在农业生产中的利用和推广，方便广大农民兄弟根据生产需要，开展引种工作，选择最优良、最适宜的品种，笔者查阅了《中国蔬菜》、《园艺学报》、《蔬菜》、《长江蔬菜》等大量相关刊物，并参加武汉、北京等地的种子交易会，与种子选育和营销部门直接联系，经过筛选，本书辑录了164个萝卜良种，54个胡萝卜良种，5个根用芥菜、牛蒡等良种，供广大种植者选择引种。本书简明介绍了每个品种的来源、特征特性、栽培要点及适应地区。为了便于广大读者查找和引种，本书还注明了良种的供种单位、详细地址及邮政编码。本书最为突出的特点是多数品种都有照片，使读者对良种有直观的印象，以便于选择。

为了指导引种工作的正确开展，加速品种的利用，本书还介绍了目前根菜类蔬菜生产的现状、存在的问题及其发展的趋势、良种引种的意义及作用，引种的原则、方法、注意事项，同时还介绍了在生产中经常遇到的关于良种的标准及种子质量鉴定与识别的内容，以利于广大种植者正确引入优良根菜类蔬菜品种，推动我国蔬菜生产的发展。

本书在编写过程中，参阅和引用了有关书刊的资料，许多单位提供了良种照片和彩图，得到了许多省、市、自治区有关科研单位和大专院校的热情支持、协助。在此，谨向他们表示感谢！由于水平有限，错漏之处在所难免，请读者批评指正。

编著者

2003年8月

GENCAILEI SHUCAI LIANGZHONG YINZHONG ZHIDAO

目录

第一章 良种引种在根菜类蔬菜生产中的重要性

一、根菜类蔬菜生产现状及发展趋势

蔬菜是人们日常生活中不可缺少的重要副食品。随着我国人民生活水平的不断提高，以及我国加入世界贸易组织后蔬菜出口的增加，近年来，我国的蔬菜栽培面积不断扩大，蔬菜在农业生产中的地位变得日益重要。据农业部统计，2000年我国蔬菜的播种总面积为1 523.65万公顷，2001年在此基础上增加了106.35万公顷。20世纪80年代以后，我国蔬菜栽培方式由过去的基本是单一露地栽培逐步演化为地膜覆盖、小棚、中棚、大棚以及温室等多种栽培形式。栽培季节也随之而多样化。因此，蔬菜供应品种逐步实现了多样化。据统计，1981～1982年我国以超时令和反季节生产为主的设施园艺面积不足7 333公顷，1985～1986年扩大到68万公顷，1999～2000年反季节栽培的设施园艺面积已超过了170万公顷。

根菜类蔬菜是蔬菜生产的重要组成部分，尤其是萝卜、胡萝卜在蔬菜生产和蔬菜出口中占有十分重要的地位。

萝卜原产于我国，具有重要的食用价值和药用价值，其营养价值十分丰富，自古就是我国人民喜食的重要蔬菜。萝卜对人体健康的重要作用，民间对其有许多美誉，如“十月萝卜赛人参”、“萝卜上场，大夫还乡”、“冬吃萝卜夏吃姜，不用医生开药方”等。我国早在2 500年前就已经有萝卜栽培；2 000多年前，就有春、夏、秋栽培之分；公元600年就有萝卜加工技术的记载。到了宋代，萝卜栽培已十分普及，有“莱菔天下通有之”的记载，这里的“莱菔”即是萝卜。到了近代，萝卜栽培技术不断改进，其面积不断扩大，产量也不断得到提高。据不完全记载，1916年，我国萝卜的栽培面积已达11.33万公顷，平均每667平方米产350千克。20世纪80年代，我国萝卜栽培面积已达几十万公顷，平均每667平方米产量2500千克左右。20世纪80年代以来，随着改革开放的不断深入，我国出口的萝卜加工产品不断增加，萝卜鲜食产品及加工品在我国农产品出口创汇中占有十分重要的地位。萝卜主要以新鲜蔬菜、脱水蔬菜和腌制品等形式出口日本、韩国等东南亚国家。另外，随着我国人民生活水平的不断提高，消费者对蔬菜周年均衡供应的要求也更高。萝卜作为度淡补缺的一种蔬菜起到了重要作用。目前，我国市场流行的国外萝卜品种达数十个，如日本的“干理想大根”、“新八洲”、“天春大根”；韩国的“白玉春”、“大棚大根”、“白光”等。这些品种种植面积较大。萝卜鲜食产品和加工品出口近10多年来有了大幅度增加，加上春、夏萝卜以及保护地萝卜生产面积的扩大，大大促进了我国萝卜生产的发展，对提高农民收入起到了重要的作用。根据1995年农业部对全国21个省、市、自治区的不完全统计，全国萝卜栽培面积当时达到了25.2万公顷，平均每667平方米产量已达2681千克。萝卜的营养价值、食用价值以及其对人体健康的作用，将越来越得到人们的认同，同时随着出口的不断增加，其价值也会被国外消费者所认同。因此，萝卜的消费量将继续增长，栽培面积将继续增加，对优良品种的需求也不断增长，萝卜生产有着广阔的前景。

胡萝卜也是一种十分重要的蔬菜作物，其营养价值高，适于生食、熟食和加工等多种用途。在所有蔬菜作物中，胡萝卜所含的胡萝卜素最丰富。胡萝卜素不仅有利于保护视力，而且具有防治癌症和心血管疾病的作用。胡萝卜的保健作用，越来越受到世界消费者的认同和重视，因此，它在世界各地广泛栽培。我国是胡萝卜栽培大国，近20年来，随着胡萝卜鲜食产品和加工产品的出口，以及广大消费者对胡萝卜产品消费的增加，我国胡萝卜的栽培面积迅猛增加。据联合国粮农组织统计，2002年我国胡萝卜的栽培面积达到了37.3万公顷，占世界同年胡萝卜栽培总面积的1/3还多，足见我国胡萝卜生产在世界胡萝卜生产中的地位，以及胡萝卜对于我国蔬菜生产的重要性。胡萝卜在我国南北方均有栽培。在广大北方地区，尤其是高寒地区，由于其栽培方法简单、病虫害少、适应性强、耐贮藏而被大量栽培，是重要的冬贮菜之一。

20世纪80年代以来，随着改革开放，日本、韩国等经济发达、劳动力价格较昂贵的国家，开始从我国进口大量胡萝卜，并形成了依赖我国进口胡萝卜的格局。从夏季到初冬，我国出口胡萝卜的数量逐年增加，大大促进了我国胡萝卜面积的增长。20世纪90年代以来，胡萝卜新的、重要的营养价值以及对癌症、心血管疾病的防治功效被发现以后，世界发达国家以及我国人民对胡萝卜的消费显著增加。胡萝卜成为果茶、饮料以及提炼胡萝卜素的主要原料，也有效地刺激了对胡萝卜的消费和生产的不断增加。目前，胡萝卜生产已成为一些地区农民增加收入的有效途径。

我国加入世界贸易组织后，物资出口途径日益通畅，胡萝卜出口量还将继续增加。随着我国人民以及整个国际社会对胡萝卜营养价值和保健价值的再认识，我国胡萝卜生产将继续呈现迅猛发展的势头。

根用芥菜相对于萝卜、胡萝卜而言，其栽培面积较小，但也有一定相对稳定的栽培面积，是蔬菜腌渍加工品的重要原料。牛蒡和根芹菜在我国栽培较少，但随着对其高营养价值的认识，它已逐步成为人们餐桌上的重要蔬菜，其消费和栽培面积将呈现上升趋势。

二、根菜类蔬菜良种引种的意义和作用

(一)根菜类种质资源

本书所列的四种根菜类蔬菜,除胡萝卜外,其他3种蔬菜均原产于我国。我国地域广阔,具备多种不同的气候条件和地理环境,形成了多种不同的植物生态类型。就萝卜而言,我国各省份均有大量适合当地环境条件的萝卜品种类型,中国农业科学院蔬菜花卉研究所收集的萝卜地方品种已达几千份之多。根用芥菜和牛蒡品种类型虽没有萝卜多,但也形成了大量不同的变异类型。我国萝卜类型丰富多样,皮色有白色、红色、紫色、绿色等,肉色也有红色、紫色、白色和绿色等;萝卜的根形和大小,更是多种多样。如此丰富的品种资源,为引种和新品种选育提供了丰富的物质基础。

胡萝卜起源于阿富汗等中亚西亚地区,以后扩展到亚洲、欧洲、非洲和美洲等不同国家和地区,在此过程中形成了大量的变异类型。其中荷兰是目前广泛使用的橘红色胡萝卜品种类型的变异演化中心。目前,世界各国收集的胡萝卜品种资源也达几千份之多。胡萝卜传入我国之后,已适应不同地理和气候条件,形成了大量不同的地方品种类型,中国农业科学院蔬菜花卉研究所已收集了400余份国内外胡萝卜品种资源材料。

作物品种资源是引种和育种的基础,它可以分为本地品种资源、外地品种资源、野生品种资源及人工创造的种质资源。其中本地品种资源包括古老的地方品种和当前生产上广泛使用的优良品种。地方品种由于经过了长期选择和自然淘汰,对当地生态环境有较强的适应性,但它通常是一个复杂的群体,包含丰富的基因型,是一个重要的育种原始材料。外地品种资源包括本地区以外地区及国外品种资源,特别是原产于起源中心及次生中心及小中心的许多原始品种，集中反应了遗传的多样性，从中可以筛选出一般品种所没有的特殊品质。野生资源包括野生种或者近缘野生种，这些材料是在严酷的自然环境中经过长期选择而形成的，具有很强的适应性和抗逆能力，包括抗病虫害、抗旱、抗寒、抗盐碱或者其他优良园艺性状，野生材料已成为将来进一步提高根菜类蔬菜作物的重要资源。

1. 品种的含义 品种是人类在一定的生态和经济条件下，根据需要而创造出的栽培植物群体。这个群体在经济性状和遗传性上具有相对的稳定性和一致性，适应一定地区的自然和环境条件，产量和品质等符合一定时期内人类的需要，它是农业生产的重要物质基础。人们通过它来获得高额稳定的产量和品质优良的产品。品种具有地区性，它是在一定的生态条件下形成的，只能适应一定的自然条件和栽培条件。所以，选育新品种应注意适应自然条件的范围和发展前景；引种要因地制宜，合理搭配，根据不同品种的生长发育规律来制定相应的农业技术措施，做到良种、良法配套。品种具有相对稳定的遗传性和一致性，群体内个体间是一致的。品种不是万能的，一个优良品种也只是主要性状优良，而其他一些性状还存在缺点或不足，仍需要不断改进。随着生产的发展和人民生活水平的提高，人类对蔬菜品种的要求会越来越高，因此没有一劳永逸的品种。一个优良的蔬菜品种，在生产中使用若干年后就可能被新品种所代替。所以，蔬菜育种工作者需要不断地选育、繁殖和推广新品种，及时做好品种的更新换代。根菜类蔬菜品种如同其他农作物品种一样，具有地域性、适应性和时效性等方面的限制。因此，根菜类蔬菜品种需要品种多样，并不断更新优良品种。引种需要因地、因时、因需制宜。

2. 优良品种在生产中的作用 优良品种在蔬菜生产中的地位、重要性和时效性越来越为广大种植者所重视。优良品种在提高产量、改善品质、提高抗逆性、抗病性以及周年蔬菜供应平衡的调节方面起着十分重要的作用。根菜类蔬菜品种在蔬菜生产中的作用与其他蔬菜优良品种的作用是相似的。通过选择优良根菜类蔬菜品种，可以收获更高的产量、更优质的产品，增强抗逆性、抗病虫害的能力，节省农业投入，减少农业污染，保证消费者的健康，增强国际竞争力。通过推广优良的根菜类蔬菜品种，不仅可以提高产量，而且可以调整收获时期，达到周年供应，增加农业收入。

第二章 根菜类蔬菜良种标准及种子质量的鉴定与识别

一、根菜类蔬菜良种标准

根菜类蔬菜良种标准包括以下两个方面的内容:一是品种标准,二是种子标准。

(一)优良品种应具备的条件

优良的品种应该具备以下几个条件:①丰产性好。凡是优良的根菜类蔬菜品种,在一定的管理和栽培条件下,都能比同种类型的普通品种获得更高的产量,一般要比普通品种增产10%以上。②抗逆性强。凡是根菜类蔬菜优良品种,必须比同类型的普通品种具有更强的抗逆性,如春播要耐寒、耐抽薹;夏播耐热、耐湿等,这是获得高产的基本保证。③抗病性强。抗病性强是优良品种需要具备的一个非常重要的特征。在集约化栽培强度大、土地使用过度频繁的情况下,抗病性有时会成为优良品种首要具备的条件。萝卜、根用芥菜等十字花科作物尤其要注意优良品种的抗病性,因为十字花科作物栽培较多,病害较为严重。抗病性强的品种,在病害流行时可以保证产量和品质的相对稳定性。④商品品质好。凡是根菜类蔬菜优良品种,其产品应具备消费者所要求的优良商品性状。如产品的外观、整齐度、色泽、风味和营养指标等。

任何一个优良品种都不可能尽善尽美,但对某一个品种来说,它的主要经济性状要突出,如加工胡萝卜品种的胡萝卜素含量要高;鲜食的萝卜、胡萝卜品种要有好的外观等。随着人民生活水平的不断提高，蔬菜生产的不断发展，栽培制度的不断改进，新品种只有不断更新，才能满足生产和消费者的要求。

（二）种子质量标准

随着我国种子产业体系的逐步健全和完善，国家对根菜类蔬菜种子质量也制定了标准（表1），对根菜类蔬菜种子纯度、净度、发芽率及水分含量均制定了明确的指标，同时根据相应指标，对种子进行了等级划分。根据国家规定和要求，一般正规种子经营单位均在种子说明书或者包装袋上标注有关指标，并对相应的品种特征特性、栽培要点和注意事项作出简要概述和说明。

表1　根菜类蔬菜良种国家标准　（单位：%）

作物名称	级　别	纯　度（不低于）	净　度（不低于）	发芽率（不低于）	含水量（不高于）
根用芥菜	原　种	98	99	97	8.0
	一级良种	95	98	97	
	二级良种	90	97	95	
	三级良种	85	95	93	
萝　卜	原　种	98	99	98	8.0
	一级良种	95	98	98	
	二级良种	90	97	96	
	三级良种	85	95	94	
胡萝卜	原　种	99	90	85	10.0
	一级良种	97	90	85	
	二级良种	92	85	80	
	三级良种	85	80	75	

引自 GB 8079—87

二、种子质量的鉴定与识别

种子是农业生产的基础。种子的检验对于种子收获、贮藏、加工、营销及播种都是极其重要的。如果播种没有生活力的种子或伪劣种子,必定会给生产造成极大的损失。而在种子贮藏过程中,通过定期种子质量检验,也可以随时掌握种子的生理状态和变化,从而采取相应的手段和措施,以保证种子贮藏过程中的质量,保持种子活力,延长种子寿命,提高种子使用年限。另外,在种子营销、调运前进行质量把关,能够准确地判断出种子等级,以便根据质量状况确定价格,也为采用相应的运输方法提供依据。在播种前进行种子质量检验,不仅可以防止伪劣种子给生产带来不可挽回的经济损失,而且可以根据种子的质量,确定播种期、播种数量。农作物种子质量的鉴定包括扦样、种子的净度、发芽率、水分及品种纯度等。

(一)扦　样

我国的种子质量标准对扦样进行了一系列规定。对于用容器包装的种子,5 个容器以下的种子,每个容器都扦样,至少扦取 5 个初次样品;6～30 个容器的种子,扦取 5 个容器或每 3 个容器至少扦取 1 个,选择其扦样点数多的一种;31～400 个容器的种子,扦取 10 个容器或每 5 个扦取 1 个,选择其扦样点数多的一种;401 个或以上容器的种子,扦取 80 个容器或每 7 个容器至少扦取 1 个,选择其扦样点数多的一种。如果根据种子批量的大小,确定扦取样品数,批量是 500 千克以下的,至少扦取 5 个初次样品,501～3 000 千克的每 300 千克扦取 1 个初次样品,但不得少于 5 个;3 001～20 000 千克的每 500 千克扦取 1 个初次样品,但不得少于 10 个;20 000 千克以上的每 700 千克扦取 1 个初次样品,但不得少于40个。样品的扦取也要灵活掌握,不仅要有代表性,而且还要有足够的数量。

(二)种子的净度

根菜类蔬菜种子的净度与其他作物种子净度一样,是指样品中去掉杂质和其他植物种子后留下的本作物净种子的重量占样品总重量的百分数。种子的净度对生产有较大的影响,首先是影响产量及本作物的生长发育,其次是降低利用率,再者是影响种子的贮藏和运输,还有就是影响人、畜的健康。

(三)种子的发芽率

种子的发芽率是种子质量的一个重要指标。扦样的根菜类蔬菜种子,经过净度分析后,从混合均匀的净种子中随机数取100粒,设置4次重复,然后将种子均匀地放在纸床、沙床、土壤或者是铺有滤纸的培养皿等发芽床上,然后加入一定量的纯净水,通常沙床的加水量应为最大持水量的60%~80%,而纸床加水后应沥干多余的水分。在一般情况下,根菜类蔬菜的种子不存在休眠问题,对于有生理休眠的种子,可以先解除种子的休眠,然后进行发芽试验。解除休眠的方法很多,可以采用冷处理、热处理和硝酸钾、硝酸、赤霉素、双氧水、开水烫种处理等方法。严格来说,种子发芽并不能真正说明幼苗的正常,为了进一步确定正常苗的比率,可以对发芽的种子进行幼苗鉴定。因为有些种子由于受存贮空间、环境、遗传等因素影响,虽然可以发芽但是不能生长成正常的幼苗。正常的幼苗通常是指在良好的土壤及适宜的水分、温度和光照条件下,能够继续生长发育成为正常植株的幼苗。

(四)良种的真实性和品种纯度

良种的真实性和品种纯度是种子质量的重要标准之一,两者概念的含义也存在根本差异。人们往往很注重品种的纯度，其实种子的真实性极其重要，因为种子的真实性是一批种子所属品种、种或属与标签、品种说明是否相符合，即是否是品种本身，而不是假种子。良种的真实性要根据品种固有的特异性状来判断，该品种不仅要明显区别于其他品种，而且还要有一致性，即品种经繁育，除可以预见的变异外，其相关的特征或者特性应该一致。而品种的纯度是指一批种子个体之间在特征特性方面典型一致的程度。良种的真实性和品种纯度常常可以通过种子、幼苗、植株等植物体或者部分器官来检验。随着科学技术的发展，也可以采用化学、生物技术等手段来进行鉴定。包括测定种子的形态特征、种子的色泽，测定化学特性、田间鉴定及室内分析。

种子形态鉴定通常是利用种子本身所具有的特性进行分析。在根菜类蔬菜种子中，胡萝卜种子表皮通常着生绒毛。根菜类蔬菜种子和大田作物及一些杂草种子也存在明显形态差异。良种真实性和纯度检测的方法，也是在扦取的样品中随机选取100粒，设置4次重复，然后根据种子外观形态、色泽以及幼苗或植株的性状等计算杂质或杂株出现的比例。

幼苗鉴定，是指利用幼苗的形态标记进行良种真实性和品种纯度的鉴定。这些形态标记通常具有明显区别于其他品种的特异性状，可以通过肉眼直接进行准确观察与判断。对于幼苗没有形态标记的根菜类蔬菜种子，就要采用植株体或者器官鉴定。当植株到达花期和食用器官成熟期，即品种特征特性充分表现的时期进行鉴定。一般来说，这种鉴定方法需要较长时间，而且费时费工。

随着科学技术的快速发展，品种纯度的鉴定可以在室内进行，可以采用植物组织染色或者是用显微镜进行细胞形态学观察。过去常采用的方法是同功酶法，不同的品种同功酶存在一定的差异，根据谱带的差异判断是哪一个品种。但是，不同品种之间的同功酶差异较小,难以找到具有明显差异的同功酶,因此采用同功酶法识别品种难度较大。现在采用的分子生物学方法,在DNA水平上对品种纯度进行鉴定是一种可靠的新方法。

(五)水分测定

种子的水分不仅影响到种子的重量,尤其重要的是严重影响种子的贮藏和发芽。特别是在贮藏期间,水分含量高的种子通常容易发霉或者降低种子的发芽率,因此,测定种子水分含量极其重要。另外,种子的含水量很容易受周围环境条件的影响。通常包装前种子必须经过晾晒、烘干。我国制定了种子水分含量标准,种子的含水量经测定必须低于《种子检测规程》规定的标准。

(六)种子健康检验

种子健康检验是包括生化、微生物、物理、植保等多学科知识的综合检测技术,主要是对种子病害和虫害进行的检验。其目的是防止在引种和调种中检疫性病虫害的传播和蔓延。健康检验包括田间检验和室内检验,田间主要是检验肉眼不能观察到的病虫害,包括通过室内分离培养不能检测到的病虫害,以便在根菜类蔬菜生长过程中,病虫害比较明显的时期检查;而室内鉴定是通过培养种子携带的真菌、细菌、病毒等进行检验。目前,种子健康检验常采用肉眼、过筛、洗涤、漏斗分离、萌芽、分离培养、噬菌体检验和隔离种植等方法检验。

(七)重量测定

种子重量测定是衡量种子饱满程度的方法。种子饱满程度通常影响到幼苗是否生长茁壮和出苗率的高低。种子重量的测定是从净种子中数取一定数量的种子,称其重量。根据国家规定,通常需要设置4次重复,测定的方法有千粒法、百粒法、全量法等。对于一种作物,通常一定数量的饱满种子重量变化幅度不应该很大。就根菜类蔬菜种子而言,萝卜种子的千粒重应该是 7~15 克,胡萝卜种子的千粒重应该是 1.2~1.5 克,牛蒡种子的千粒重应该是 12~14.5 克,芥蓝种子的千粒重应该是 3.5~4.5 克。

第三章 根菜类蔬菜良种引种原则与方法

一、引种原则

长期生长在不同地理位置的根菜类蔬菜品种，对于日照、温度、土壤、降水等条件有一定的适应性。引种能否成功，应该注意以下几点：①品种的适应性。不同的根菜类蔬菜品种，其适应能力、适应范围均有差异。有些品种可以在较大的环境变化范围内正常生长发育，有些品种则在条件发生变化时就表现出生长发育不良，失去原有的优良性状。②实际栽培季节气候的相似性。一般纬度相同、气候条件接近的地区比经度相近而纬度不同的南北地区之间的引种更有成功的把握。若将高纬度地区的品种引至低纬度地区种植，往往植株矮小，提早成熟，产量低；相反，将低纬度地区的品种引至高纬度地区种植，则植株高大，延迟成熟，有些品种甚至不开花结实。海拔高度不同的地区，温度和日照也有差异，海拔每升高 100 米，温度降低 1℃。因此，同纬度而海拔高低不同的地区之间相互引种不易成功，而纬度偏高的低海拔地区与纬度偏低的高海拔地区之间的相互引种却较易成功。③人的主观能动性。由于品种本身具有可塑性和生长期长短的特点，因此引入之后，人们可以通过调节播种期和改进栽培技术等，使引入的品种良好地生长发育。④生态环境的相似性。根菜类蔬菜不同品种对于气候、土壤、生物、地理、人为等的不同生态环境也有不同的反应，从生态型相似的地区引种大多比从生态型不同的地区引种较易适应。

二、引种方法与程序

(一)引种方法

1. 引种目标的确定 引种时首先要对本地的自然条件和现有品种作详细、深入的了解,明确目前品种存在的主要问题,通过引种要解决哪些问题,确立引种的目标,然后根据目标进行引种。通常而言,一般要引入当前生产上急需的品种,这些品种的引入能满足当地生产的需要。

2. 引种材料的选择 根据栽培植物的区划,选择适宜引种的地区。在收集引种材料时,不仅要掌握引入品种的选育历史、生态类型和遗传性状,而且要了解原产地的生态环境和生产水平,最好到产地现场进行实地观察,以便确定哪些品种能适应引入地的气候条件,并提出引入品种的计划。对于同一地区、同一生态类型,要搜集尽可能多的基因型不同的品种,以利于引种的成功和增加品种的多样性。

(二)引种程序

1. 引种材料的检疫 由于引入的材料很可能带有当地的一些病虫害,尤其是一些特异而且较难以防治的病虫害。因此,为了防止新病虫害的带入,材料引入时要经过严格的检疫工作。尤其是从国外引入的品种,由于生态环境的不同,新的病害及新生理小种或株系对于引入地的生产将会带来不可估量的损失。如果发现有重要病虫害,一定要彻底根除,包括药剂处理;有条件的地区,还应通过设立检疫圃,隔离种植,以防止病虫害的扩散。植物材料的检疫,通常包括外检和内检,前者主要是指对从国外引入的检疫对象进行该输入国的产地检疫、我国进境口岸植检部门的检疫及入境后的检疫3个程序;内检是国内各个地区间引种,由原产地培育健康种苗,经过法定部门产地检疫合格,由植检部门检疫,到达目的地再检疫等过程。

2. 引种试验 由于一个品种从一个地区引入到另外一个地区,气候、病虫害、耕作制度的改变,都会使原有品种的优良特性表现不出来。对引入的材料,即使在原栽培地区是很优良的品种,一经引入后必须经过引种试验,以当地的优良品种为对照,对物候期、植株、产量、品质和抗逆等性状,进行详细的观察鉴定。经过连续几年观察鉴定后,在当地确实表现优良的,才可作为良种进行推广。

(1)观察试验 对引入的品种进行小面积的种植观察,并与当地的主栽品种进行比较,首先确定哪些材料综合性状优良,哪些材料具有特异的优良性状。对于表现优良的品种,还要通过品种比较试验和区域试验以便进一步确定其优良性状。对于一些仅表现特异优良性状的材料或品种,千万不要舍弃,因为它们包含有一些当地品种所没有或者是超过当地品种的一些优良性状。对于这些材料,通过和当地品种杂交,通过系谱选育,完全有可能选育出超越当地品种的优良材料。

(2)品种比较试验和区域试验 对于通过观察试验,认为表现优良的入选材料或品种,要进行品种比较试验,做更精确的鉴定。品种比较试验通常设置3次重复,而且要有一定的小区面积,仍以当地主栽品种作为对照,要进行物候期、植株、果实等性状的详细调查和比较,从而确定该品种是否可用于进行区域试验。一般而言,品种比较试验通常要进行2~3年,确定为优良品种后,可以进行区域试验;区域试验一般要进行两次,可以和品种比较试验交错进行,也要设置当地主栽品种作为对照,而且要保证区域试验的面积。在进行品种比较试验的同时,可配合开展播期、密度等栽培技术试验,研究探索相应的栽培技术措施,“良种”与“良法”一齐抓;

使品种的优良性状能够在本地区得到充分的发挥。

(3)生产示范　对于通过以上试验后初步肯定的引种品种,应根据所掌握的品种特性,结合当地的生态环境进行大面积的生产示范。

第四章　萝卜优良品种

1. 24号心里美萝卜(F_1)

【种　源】 青岛市农科所育成的一代杂种。

【特征特性】 植株生长势强,花叶。叶丛开展性。肉质根短圆柱形,长14.9厘米,粗7.1厘米,根头部小。单根重0.51千克以上。肉质根地上性强,3/4露出地面。外皮浅绿色,光滑,地下部白色,细尾部稍红。肉色红,质脆,味甜,水分多,耐贮藏。适宜生食和雕花。生长期80天,适宜秋季栽培。

【栽培要点】 青岛地区于8月中旬播种,11月上旬收获。宜起垄栽培,行株距50厘米×25厘米。

【种植地区】 适宜在山东省种植,目前处于推广初期。

【供种单位】 青岛市农业科学研究所新技术开发中心　青岛市李沧区浮山路198号　邮编:266100　电话:0532—7899084或7622400

2. 501水萝卜

【种　源】 大连地方品种,全国各地均有分布。

【特征特性】 叶簇直立,板叶5~6片,深绿色。叶柄背面浅绿色,正面紫红色。肉质根圆锥形,根长13~15厘米。根粗3~3.8厘米。单根重0.1千克左右,外皮红色,肉白色,细嫩,稍甜带辣味,品质佳。耐抽薹,须根少,生育期50天左右,抗寒性强。

【栽培要点】 大连地区4月中旬露地直播、条播,行距15~20厘米,株距6~8厘米。6月上旬收获。一般每667平方米产量2500~3000千克。

【种植地区】 全国各地。

【供种单位】 大连市农业科技开发服务公司　大连市甘井子区营城子镇沙岗子　邮编:116036　电话:0411—6700342　8033

3.60早生白萝卜(一代交配)

【种　源】 武汉市蔬菜科学研究所选育。

【特征特性】 根形优美。长卵圆形,皮白肉白,肉质脆嫩,品质佳。抗热性强。生长快,产量高。

【栽培要点】 武汉地区立秋播种,生育期80天,每667平方米产量4000千克;处暑至白露播种,生育期110天,每667平方米产量5000千克。

【种植地区】 全国各地。

【供种单位】 武汉市蔬菜科学研究所　武汉市武昌张家湾特一号　邮编:430065　电话:027—88116330

4.89－1青萝卜(F_1)

【种　源】 青岛市农科所育成的青皮萝卜一代杂种(四元杂交)。

【特征特性】 植株生长势强,叶丛半开张,花叶11枚,色深绿。肉质根长圆柱形,长8厘米,粗8厘米左右。肉质根地上性强,3/4露出地面。根外皮地上部绿色,地下部白色。肉色浅绿,质脆,味甜。平均单根重0.84千克。可生食、熟食,耐贮存。适宜秋季栽培,生长期80天。较耐热,耐病毒病和霜霉病。

【栽培要点】 青岛地区于7月中下旬至8月上旬播种,10月上中旬至11月上旬收获。起垄栽培,行株距50厘米×25厘米。定苗后及时中耕培土,生长期间应注意加强肥水管理,防涝。

【种植地区】 已在青岛市生产中应用,并可进一步在省内推广应用。

【供种单位】 青岛市农业科学研究所新技术开发中心　青岛市李沧区浮山路198号　邮编:266100　电话:0532—7899084或7622400

5. YR白春萝卜

【种　源】 北京世农种苗有限公司从国外引进的春萝卜品种。

【特征特性】 低温条件下生长良好,耐抽薹。播种后60天左右可收获。根部白色,根状均匀,长圆筒形,歧根、裂根少。肉质洁白,味道好,品质优秀。适于腌渍加工。

【栽培要点】 应避免湿度的变化过大,以防止出现裂根现象。应选择土壤疏松、土层深厚的地块深耕后栽培。

【种植地区】 全国各地。

【供种单位】 北京世农种苗有限公司　北京市大兴区康庄路口福海大厦二楼　邮编:102600　电话:010—60205688

6. YR幸运萝卜

【种　源】 北京世农种苗有限公司从国外引进的萝卜品种。

【特征特性】 叶数多,低温条件下生长快,播种后60天可收获。肉质根长圆筒形,根部白色,歧根、裂根少。肉质白,品质优秀。抗病性强,容易栽培。

【栽培要点】 生育初期,应保持10℃以上温度。氮肥过多或湿度变化过大,可能出现生长不良现象。

【种植地区】 全国各地。

【供种单位】 北京世农种苗有限公司　北京市大兴区康庄路口福海大厦二楼　邮编:102600　电话:010—60205688

7. 八洲理想白萝卜

【种　源】 福州农播王种苗有限公司从日本引进的高品质白萝卜品种。

【特征特性】 腌渍加工用的65天型大根。整齐。抗黄萎病，容易栽培。根色纯白，糠心迟，根长46厘米，单根重1.2千克左右。品质优秀。

【栽培要点】 最适于中间地8月下旬至9月上旬播种，11月收获。

【种植地区】 各地根据当地气候条件适时种植。

【供种单位】 福州农播王种苗有限公司　福建省福州市工业路568号福建留学人员创业园2—209　邮编：350002　电话：0591—3795697

8. 白马白萝卜

【种　源】 福州农播王种苗有限公司从日本引进的高品质白萝卜品种。

【特征特性】 极晚抽薹。纯白色。可腌渍加工的美浓早生型春萝卜。株型紧凑，也适于小拱棚栽培。单根重达1千克时，根长约40厘米，根径6.5厘米，弯曲少。整齐度高。

【栽培要点】 最适于一般中间地3月至5月上旬播种，5月至6月上旬收获的小拱棚加地膜覆盖栽培，也适于冷凉地区4月播种，6～7月收获。

【种植地区】 各地根据当地气候条件适时种植。

【供种单位】 福州农播王种苗有限公司　福建省福州市工业路568号福建留学人员创业园2—209　邮编：350002　电话：0591—3795697

9. 白马美浓萝卜

【种　源】 北京世农种苗有限公司从国外引进的萝卜品种。

【特征特性】 叶不繁茂且较短，可密植。播种后60天左右能收获。根皮洁白光滑，根肥均匀整齐，商品性高。肉质致密，糠心晚。抗病性强。加工、贮藏最佳品种。适于大面积栽培。

【栽培要点】 株行距25厘米×90厘米。深耕后两行栽培。避免在低洼地或者粘土地上栽培，以防止出现曲根。

【种植地区】 全国各地。

【供种单位】 北京世农种苗有限公司　北京市大兴区康庄路口福海大厦二楼　邮编：102600　电话：010—60205688

10. 白秋美浓白萝卜

【种　源】 山东省寿光先正达种子有限公司育成。

【特征特性】 杂交一代白首型秋萝卜。早熟，秋播后50～55天收获。叶色中绿，植株生长旺盛。耐热。抗病性强。肉质根细长，纯白色，根长45～60厘米，直径6.5～7厘米。单根重1.2～2.5千克。

【栽培要点】 高畦栽培，行株距25厘米×25厘米。底肥要足，合理增施有机肥。

【种植地区】 全国各地。

【供种单位】 寿光先正达种子有限公司　山东省寿光市稻田镇　邮编：262706　电话：0536—5058698

11. 白甜脆(水果萝卜)

【种　源】 昆明爱绿特种业有限公司选育。

【特征特性】 肉质清脆，口感好。根皮光滑洁白，糠心晚。单根重1.4～1.6千克，极少发生裂根，是春保护地、露地和高冷地栽培的优良品种。。

【栽培要点】 育苗温度保持在10℃以上，选择深耕透气性良好的土壤种植。播种后55～80天可随时收获。

【供种单位】 昆明爱绿特种业有限公司　昆明市小板桥种业市场4—4号　邮编：650214　电话：0871—7361259

12. 白甜萝卜

【种　源】 北京世农种苗有限公司育成。

【特征特性】 抗病性及耐暑性强。高温条件下辣味少。落叶现象少，抽薹稳定，可栽培时间长。根皮光滑，根形优美，商品性好。

【栽培要点】 选土壤疏松、土层深厚的地块深耕后高畦栽培，行株距25厘米×25厘米，底肥要足，合理增施有机肥。

【种植地区】 全国各地区根据当地气候条件适时种植。

【供种单位】 北京世农种苗有限公司　北京市大兴区康庄路口福海大厦二楼　邮编：102600　电话：010—60205688

13. 白玉春萝卜

【种　源】 北京世农种苗有限公司育成。

【特征特性】 叶数少，直立性强，根肥大快，抽薹稳定。长圆筒形，根部全白，根形整齐，商品性好。糠心晚，歧根、裂根少。

【栽培要点】 大棚露地均可栽植，播种后60天可收获。如播期过早或者延期收获，将影响其商品性。

【种植地区】 全国各地区根据当地气候条件适时种植。

【供种单位】 北京世农种苗有限公司　北京市大兴区康庄路口福海大厦二楼　邮编：102600　电话：010—60205688

14. 白玉夏萝卜

【种　源】 北京世农种苗有限公司育成。

【特征特性】 抗病性及耐暑性强。播后50～55天可收获。长圆筒形,根部白色,根条均匀,根长30～33厘米。外叶短,可密植。歧根、裂根少,商品性高。

【栽培要点】 夏萝卜栽培时,基肥与追肥的比例应按照1∶1施用。

【种植地区】 全国各地区根据当地气候条件适时种植。

【供种单位】 北京世农种苗有限公司　北京市大兴区康庄路口福海大厦二楼　邮编:102600　电话:010－60205688

15. 板叶满堂红萝卜

【种　源】 北京京研益农种苗技术中心选育的高品质萝卜品种。

【特征特性】 板叶型,叶簇直立。肉质根椭圆形,肉质致密,脆嫩,味甜,含多种维生素;绿皮,肉色鲜红,血红瓤比例100%,商品性较好。丰产。抗病。耐贮藏,不易糠心。生长期80天左右。每667平方米产量4000～4500千克。

【栽培要点】 京津地区立秋前后用高畦直播。适宜在土层深厚、富含有机质的砂壤土中栽培。

【种植地区】 全国各地。

【供种单位】 北京京研益农种苗技术中心　北京市2443信箱　种苗中心　邮编:100089　电话:010—88445636

16. 板叶卫青萝卜

【种　源】 天津市西郊区地方品种。

【特征特性】 该品种系天津市名优品种。板叶,叶簇直立,绿色。植株健壮,较抗病毒病和霜霉病。肉质根长圆筒形,长18~22厘米,横径6~8厘米。单根重0.35千克左右。肉质根4/5露出地面,皮深绿色,有光泽,尾端入土部分为玉白色。肉质致密,呈翠绿色,脆嫩多汁而味甜。肉质根极耐贮藏。经埋藏3个月后其含糖量可高达8%,是目前出口创汇最优良的青萝卜品种。适宜秋季种植。

【栽培要点】 适时播种,不可盲目抢早播种。生育中后期应加强肥水管理。每667平方米施用农家肥3500千克,过磷酸钙30千克,天津市8月上旬播种,一般在拉十字时进行第一次间苗,具3片真叶时进行第二次间苗,幼苗破肚时定苗,株距25厘米。一般在10月下旬收获。贮藏期要求低温、高湿环境条件。

【种植地区】 全国各地均有种植。主要在天津市种植,北京市、河北省有少量种植。

【供种单位】 天津市科兴蔬菜研究所　天津市东丽区张贵庄丽华中专公寓1门104—106号　邮编:300300 电话:022—24392923

17. 半节青萝卜

【种　源】 南京理想种苗有限公司选育。

【特征特性】 叶簇开张,半直立。叶片浓绿色,深裂,叶柄以及主脉均绿色。肉质根圆筒形或圆锥形,纵径20~30厘米,横径5~10厘米,1/2露出地面。表皮光滑,地上部绿色,地下部白色,肉绿白色。味道略甜,不易糠心。单根重达1~1.5千克。

【栽培要点】 选土壤疏松、土层深厚的地块深耕后高畦栽培,行株距25厘米×25厘米。底肥要足,合理增施有机肥。生长期85天左右。抗病性强,适应性广。每667平方米产量5000~6000千克。

【种植地区】 各地根据当地气候条件适时种植。

【供种单位】 南京理想种苗有限公司　南京市太平门岗子村60—8号　邮编:210042　电话:025-5429992

18. 彩太郎青首大根萝卜

【种　源】 青岛国际种苗有限公司引进的青首萝卜优秀品种。

【特征特性】 青首长型萝卜品种。抽薹晚。抗黄萎病,适于早春塑料小拱棚和初夏栽培。根长36~38厘米,直径7~8厘米。

【栽培要点】 育苗温度应保持10℃以上,选择深耕、透气性良好的土壤种植。青岛地区一般在3月至4月上旬用地膜或者地膜加小拱棚覆盖栽培。

【种植地区】 本品种适合长江流域地区栽培。

【供种单位】 青岛国际种苗有限公司　青岛市李沧区浮山路166号　邮编:266100　电话:0532—7628698或7896704

19. 长春大根萝卜

【种　源】 由山东省寿光先正达种子有限公司引进。

【特征特性】 杂交一代春萝卜。生长期60天左右。低温条件下生长良好,耐抽薹。肉质根纯白色,长圆柱形,畸形根、裂根少。长32~35厘米,直径7~8厘米。单根重0.8~1.2千克。品质优,味道好。适于鲜食加工。

【栽培要点】 选择土壤疏松、土层深厚的地块深耕后高畦栽培,行株距25厘米×25厘米。底肥要足,合理增施有机肥。

【种植地区】 全国各地。

【供种单位】 寿光先正达种子有限公司　山东省寿光市稻田镇　邮编:262706　电话:0536—5058698

20. 长春大型萝卜

【种　源】 由山东省寿光先正达种子有限公司引进。

【特征特性】 杂交一代大型春萝卜。生长期65~70天。抽薹晚。叶色浓绿,叶数少,直立性强。稍有绿肩,根长32~35厘米,根径7.5~8厘米。单根重0.9~1.1千克。

【栽培要点】 选择土壤疏松、土层深厚的地块深耕后高畦栽培,行株距25厘米×25厘米。底肥要足,合理增施有机肥。

【种植地区】 主要适合华北地区种植。

【供种单位】 寿光先正达种子有限公司　山东省寿光市稻田镇　邮编:262706　电话:0536—5058698

21. 长春大型2号萝卜

【种　源】 由山东省寿光先正达种子有限公司引进。

【特征特性】 杂交一代青首大型春萝卜。生长期60~65天。叶色浓绿,叶数少。直立性。抗病强,抗抽薹。根皮美丽,肉质根长圆柱形,白色,须根少,很少弯曲。肥大快,不易糠心,商品性好。肉质根长34~36厘米,直径7.5~8厘米。单根重1~1.5千克。

【栽培要点】 选择土壤疏松、土层深厚的地块深耕后高畦栽培,行株距25厘米×25厘米。底肥要足,合理增施有机肥。

【种植地区】 主要适合华北地区种植。

【供种单位】 寿光先正达种子有限公司　山东省寿光市稻田镇　邮编:262706　电话:0536—5058698

22. 超级白玉春萝卜

【种　源】 北京郎绿源科技发展中心从韩国引进的优良春萝卜品种。

【特征特性】 韩国起农公司推出的优良春萝卜品种,特别适合长江流域地区人们的消费习惯。超级白玉春生育期60天左右，叶色深绿，花叶有茸毛。整个根通体纯白色，长圆筒形，无青头绿色，表皮光滑有光泽，味道甜美，质脆，无辛辣味，水分含量适中。一般单根重1千克，延期采收可达2千克，每667平方米产量3000千克左右。是早春种植的理想萝卜品种。

【栽培要点】 南方长江流域从12月下旬至翌年3月均可播种，具体播种时间以栽培方式和当地气候而定。整地做畦宜选择土层深厚肥沃疏松的土壤，施足底肥。一般畦宽65厘米，沟宽35厘米，畦高20厘米。播种方法，一般采用点播，每畦播两行，每穴1~2粒种子，株行距20厘米×35厘米。每667平方米用种量90克左右。播种后10天左右进行间苗、补苗，30天左右追肥1次。一般播种后60天左右采收。如温度偏高，则50多天即可收获。

【种植地区】 长江流域。

【供种单位】 北京郎绿源科技发展中心　北京市海淀区中关村南大街12号80号信箱　邮编:100081　电话:010—62177023

23. 超盛白萝卜

【种　源】 由北京井田种苗有限公司从国外引进的优良白萝卜品种。

【特征特性】 系腌渍用的理想白萝卜。生长旺盛，耐热抗病，产量高。外皮纯白，肉质致密，空心迟。播种后65天可以收获。

【栽培要点】 选择土壤疏松、土层深厚的地块深耕高畦栽培，行株距25厘米×25厘米。底肥要足，合理增施有机肥。

【种植地区】 全国各地。

【供种单位】 北京井田种苗有限公司　北京市朝阳区管庄西里67号1—102室　邮编:100024　电话:010—65767808或65715298

24. 成功跃进萝卜

【种　源】 福州农播王种苗有限公司从日本引进的高品质萝卜品种。

【特征特性】 播后60天可以收获。高抗黄萎病、病毒病和软腐病。皮色洁白光亮，肉质佳。单根重1.5千克左右。根长37厘米，根径7.5厘米，整齐一致。

【栽培要点】 温暖地区一般在8月中旬至9月中旬播种，10月下旬至12月收获。

【种植地区】 各地根据当地气候条件适时种植。

【供种单位】 福州农播王种苗有限公司　福建省福州市工业路568号福建留学人员创业园2—209　邮编：350002　电话：0591—3795697

25. 成味萝卜

【种　源】 由大连米可多国际种苗公司从日本引进。

【特征特性】 大型大根。极晚抽薹。根长36厘米，根径8厘米。单根重1.2千克。根顶端10厘米左右为极淡绿色。表面光滑，纯白色，外形美观，收获期长。

【栽培要点】 选择土壤疏松、土层深厚的地块深耕后高畦栽培。底肥要足，合理增施有机肥，注意适时采收。

【种植地区】 全国各地。

【供种单位】 大连米可多国际种苗公司　大连市西岗区英华街35号　邮编：116011　电话：0411—3640870

26. 穿心红萝卜

【种　源】 南京理想种苗有限公司选育。

【特征特性】 植株半直立，株高55厘米，开展度55厘米。叶片紫绿色,叶面皱而内卷,叶柄绿紫红色。肉质根长圆柱形,下部略粗微弯,尾钝尖,纵切髓部穿心有1条紫红色,故名穿心红。单根重0.5~0.6克。秋冬萝卜耐热,耐寒,含水多。耐贮藏。

【栽培要点】 南京市郊区于8月初播种。株行距30厘米见方。定苗时每穴留2株。秋播生长期90~100天。每667平方米产量3500千克左右。

【种植地区】 华东地区。

【供种单位】 南京理想种苗有限公司 南京市太平门岗子村60—8号 邮编:210042 电话:025—5429992

27. 春白2号萝卜(一代交配)

【种 源】 武汉市蔬菜科学研究所育成。

【特征特性】 耐寒春萝卜中的极品。晚抽薹性、高产性明显。根形优美,商品性极佳。

【栽培要点】 选择土壤疏松、土层深厚的地块深耕后高畦栽培,行株距25厘米×25厘米。底肥要足,合理增施有机肥。长江流域1月下旬至4月上旬均可播种。

【种植地区】 长江流域。

【供种单位】 武汉市蔬菜科学研究所 武汉市武昌张家湾特1号 邮编:430065 电话:027—88116330

28. 春白王萝卜

【种 源】 北京世农种苗有限公司选育。

【特征特性】 叶数少,直立性强。低温弱光下,根肥大快。根部白色,整齐,长圆筒形。抽薹晚,大棚露地春季专用品种。播种后60天可收获。畸形根、裂根少,肉质致密,不糠心。

【栽培要点】 如播期过早或延期收获,将影响其商品性。生育初期,注意保持10℃以上温度。

【种植地区】 全国各地。

【供种单位】 北京世农种苗有限公司 北京市大兴区康庄路口福海大厦二楼 邮编:102600 电话:010—60205688

29. 春白玉萝卜(一代交配)

【种 源】 河北省邢台市金日种业有限公司选育的优良春萝卜品种。

【特征特性】 叶数少,直立性强,根肥大快,抽薹稳定。根部全白,根状整齐,长圆筒形。糠心晚,畸形根、裂根少。

【栽培要点】 大棚露地均可栽培。播种后60天可收获。播期过早或延期采收,将影响其商品性。

【种植地区】 主要在北方地区种植。

【供种单位】 邢台市金日种业有限公司 河北省邢台市新兴东路205号 邮编:054001 电话:0319—3195171

30. 春红1号萝卜

【种 源】 武汉市蔬菜科研所育成。

【特征特性】 红皮萝卜,皮大红色,肉白色,较耐寒,抽薹晚。肉质细嫩,商品性好。

【栽培要点】 武汉地区2月上旬至3月中旬播种。选土壤疏松、土层深厚的地块深耕高畦栽培。底肥要足,合理增施有机肥。

【种植地区】 华中地区以及气候条件相似地区。

【供种单位】 武汉市蔬菜科学研究所 武汉市武昌张家湾特1号 邮编:430065 电话:027—88116330

31. 春雷萝卜

【种 源】 福州农播王种苗有限公司从日本引进的高品质萝卜品种。

【特征特性】 抗黄萎病和病毒病。不易糠心。单根重 1.2 千克时,根长 37 厘米,根径 7.3 厘米左右。整齐度高。优质高产。

【栽培要点】 最适于冷凉地区 4~5 月播种,6~7 月收获。温暖地区小拱棚栽培也可于 1 月下旬至 3 月播种,5 月至 6 月上旬收获。

【种植地区】 各地根据当地气候条件适时种植。

【供种单位】 福州农播王种苗有限公司 福建省福州市工业路568 号福建留学人员创业园 2—209 邮编:350002 电话:0591—3795697

32. 春笑萝卜

【种　源】 上海农业科技种子有限公司选育。

【特征特性】 极晚抽薹的春播品种。根长 30~38 厘米,根径 7~7.5 厘米,肩淡青色。单根重 0.9~1 千克。根形整齐,不易糠心。

【栽培要点】 长江流域 12 月至翌年 2 月保护地栽培。2 月至 3 月小拱棚加地膜覆盖栽培,3 月中旬至 4 月中旬地膜覆盖栽培。

【种植地区】 长江流域。

【供种单位】 上海农业科技种子有限公司 上海市浦东新桥淮北路 185 号 邮编:201203 电话:021—58574111 或 58574222

33. 春雪光 F_1 萝卜

【种　源】 北京思地沃农业发展有限公司从国外引进的杂交一代萝卜。

【特征特性】 杂交一代萝卜种。在大棚中栽培播种后 65~70 天即可收获。根长 28~32 厘米,直径 6.5 厘米,单根重 1~1.2 千克。根皮洁白,极少裂根,不易抽薹。叶片直立,不易老化。肉质最出众。淡季上市,经济效益高。适合春保护地、春秋露地及夏季高冷地种植。

【栽培要点】 ①茬口选择。前茬作物收获后，及时深耕40厘米，晒垡。每667平方米施足腐熟的有机肥3 000～4 000千克，施肥要均匀，土壤要耙细。最好是选择地下水位较低、肥力好、能灌能排、透气性好的壤土或砂壤土种植。春季大棚栽培，宜在棚内做成2～3厢平畦。②适期播种，合理密植。长江流域春季大棚保护地早熟栽培可从当年11月至翌年3月分期播种，陆续采收。播种宜采用穴播，每穴3～4粒种子，均匀散开。行穴距以35厘米×25厘米为宜。播种前浇足底水，播种后盖厚度为1.5～2厘米的细土，盖土不宜过薄或太厚，不再浇水。畦面铺地膜，四周用土压严，保温保湿，以利于出苗。春季露地早熟栽培可于3月底至4月播种。③加强田间管理。一是早间苗，晚定苗。3片真叶以前及时间苗1～2次，拔除弱苗、病苗和畸形苗。至"大破肚"时仅留1株健壮苗，即为定苗。二是合理浇水，提高品质。幼苗期需水少，要少浇水，以便蹲苗；叶片生长盛期，根部逐步肥大，需水肥渐多；根部生长旺盛期，应均匀供水，保持土壤湿润；根部生长后期，要适当少浇水，避免大量浇水。三是分期追肥，摘除老叶。萝卜以基肥为主，追肥为辅。四是采收。当年11月至翌年1月播种的，播后60～65天渐次采收上市；1～4月播种的，播后55～60天可陆续采收。采收标准是：肉质根充分膨大，肩部饱满圆滑，下部叶片渐次发黄。

【种植地区】 适合全国范围内春季保护地及露地早熟栽培。

【供种单位】 北京思地沃农业发展有限公司　北京市阜成路42号中裕商务花园18号楼B座一层　邮编：100036　电话：010—88115854

34. 春雪剑F_1萝卜

【种　源】 北京思地沃农业发展有限公司从国外引进的杂交

一代萝卜。

【特征特性】 杂交一代萝卜种。播种后65天即可收获，根长29～33厘米，直径6.5～7.5厘米，单根重1～1.2千克。根皮白色，肉质紧实，清脆，生长整齐。极少发生裂根，耐抽薹，不易老化。适合早春保护地、春秋露地和夏季高冷地种植。

栽培要点、种植地区、供种单位同春雪光 F_1 萝卜。

35. 春雪莲 F_1 萝卜

【种　源】 北京思地沃农业发展有限公司从国外引进的杂交一代萝卜。

【特征特性】 杂交一代萝卜种。播后60天开始收获。单根重1.2～1.5千克。根皮纯白，极少发生裂根，肉质清脆，耐抽薹。适合密植。适于春保护地、春露地和夏季高冷地种植。

栽培要点、种植地区、供种单位同春雪光 F_1 萝卜。

36. 春银萝卜

【种　源】 重庆市种子公司蔬菜种子分公司选育。

【特征特性】 早熟F1代。植株长势强，花叶短，浓绿，可适当密植。萝卜长26～38厘米，粗4～6厘米，圆筒形，尾部略细；肉质洁白，致密，微甜细嫩，皮薄；不易糠心。单根重0.5～1.5千克。抗病性强。

【栽培要点】 低温条件下生长快，播种后55～65天可采收。长江流域从11月至翌年3月可陆续播种，播种10厘米深，土温以12℃以上为宜。

【种植地区】 长江流域及相关地区。

【供种单位】 重庆市种子公司蔬菜种子分公司　重庆市南岸区南坪东路二巷12号　邮编：400060

37. 春勇萝卜

【种　源】 福州农播王种苗有限公司从日本引进的高品质白萝卜品种。

【特征特性】 极晚抽薹的春播大根。适播期长。根肥大快，不易糠心，品质优秀。根长35～40厘米，根径7～7.5厘米。单根重0.9～1千克。

【栽培要点】 可用于温度较高的地区(长江以南)12月至翌年2月的保护地栽培，温暖地区2～3月小拱棚加地膜覆盖栽培，中原温暖地区3月中旬至4月中旬地膜覆盖栽培。

【种植地区】 各地根据当地气候条件适时种植。

【供种单位】 福州农播王种苗有限公司　福建省福州市工业路568号福建留学人员创业园2—209　邮编:350002　电话:0591—3795697

38. 春玉白萝卜

【种　源】 山西省运城市丰宝种苗有限公司从国外引进。

【特征特性】 春播品种。叶簇较直立，肉质根长圆筒形，全白色，有光泽，肉质细腻白嫩。单根重1～1.5千克，根部膨大速度快，耐抽薹。糠心晚，商品性好。生长期60天。

【栽培要点】 选择土壤疏松、土层深厚的田地深耕后高畦栽培。底肥要足，合理增施有机肥。

【种植地区】 全国各地。

【供种单位】 山西省运城市丰宝种苗有限公司　山西省运城市黄河大道138号　邮编:044000　电话:0359—2125776

39. 春玉萝卜

【种　源】 上海汇阳种苗有限公司从国外引进的优良品种。

【特征特性】 属冬性较强的春萝卜品种。叶数少且直立，适合于密植。播种后60天可上市。根长35~40厘米，根径6.5厘米左右。单根重1千克左右，肉质脆，口感极佳。糠心晚，畸根、裂根少。

【栽培要点】 选土壤疏松、土层深厚的田地深耕后高畦栽培，底肥要足，合理增施有机肥。

【种植地区】 主要在长江流域种植，其他地区可参考当地气候条件适时种植。

【供种单位】 上海汇阳种苗有限公司　上海市南汇县南镇农场路7号　邮编：201300　电话：021—58010086

40. 大青皮萝卜

【种　源】 陕西省汉中市汉台区农业技术中心服务部选育。

【特征特性】 叶丛半直立，羽状裂叶。肉质根呈根径圆柱形，长30厘米左右，根径约10厘米，表皮光滑，1/3露出地面、绿色，入土部分白色。单根重2~3千克。

【栽培要点】 行株距43厘米×33厘米，秋冬露地栽培，8月上旬播种，10月下旬始收。生长期90天左右，每667平方米产量5 000千克以上。

【种植地区】 西北地区。

【供种单位】 陕西省汉中市汉台区农业技术中心服务部　陕西省汉中市康复路17号　邮编：723000　电话：0916—2122896

41. 大跃进萝卜

【种　源】 福州农播王种苗有限公司从日本引进的高品质萝卜品种。

【特征特性】 属大型青首萝卜。适应性较广，整齐度高，加工品质极优，也可以用于鲜食。适期播种，60天可以收获。单根重约1.5千克。根长35~40厘米，根径7~8厘米。由于抽薹比较晚，也可以用于春播。

【栽培要点】 一般中原温暖地区8月下旬至9月上旬播种，也可以于3月下旬至4月中旬采用小拱棚加地膜覆盖栽培。

【种植地区】 各地根据当地气候条件适时种植。

【供种单位】 福州农播王种苗有限公司 福建省福州市工业路568号福建留学人员创业园2—209 邮编:350002 电话:0591—3795697

42. 德高青萝卜

【种 源】 "九五"期间山东省德高蔬菜种苗研究所利用雄性不育系和人工接种抗病性鉴定技术育成的一代杂种。

【特征特性】 具有高抗病毒病、黑腐病和霜霉病，商品性状好，品质优等特点。叶丛较小，羽状裂叶。肉质根长圆柱形，根长28厘米，横径7厘米左右。大约3/4露出地面、绿色，入土部分为白色，肉质浅绿色，致密，脆甜，稍辣。生食、熟食和腌渍皆宜。耐贮运，不糠心。单根重1千克左右。每667平方米产量6000千克以上。

【栽培要点】 适宜全国大部分地区栽培。山东省7月下旬至8月上旬均可播种，10月下旬至11月上旬收获，适宜株行距30厘米×50厘米，每667平方米栽植4400株。

【种植地区】 全国各地均可种植。

【供种单位】 山东省德高蔬菜种苗研究所 山东省德州市德兴北路12号 邮编:253015 电话:0534—2329918

43. 顶上盛夏萝卜

【种 源】 北京世农种苗有限公司从国外引进的高寒地盛夏栽培的优良品种。

【特征特性】 叶色浓绿，叶不繁茂，抽薹稳定，适于高寒地盛夏栽培。根地上部分绿色，地下部分白色。生长期60～70天。根肥良好，肉质致密，品质好。糠心晚。耐暑性强。畸形根、裂根少，商品性高。

【栽培要点】 真叶5片以前，温度低于12℃有抽薹危险。

【种植地区】 适合于高寒地盛夏栽培。

【供种单位】 北京世农种苗有限公司　北京市大兴区康庄路口福海大厦二楼　邮编：102600　电话：010—60205688

44. 短叶13号萝卜

【种　源】 武汉恒世达种苗有限公司从地方品种提纯、复壮而成。

【特征特性】 耐热早熟，生长期50天左右。叶簇直立，板叶短小，倒卵圆形，绿色，向上微卷；叶脉浅绿，无茸毛。肉质根长圆柱形，长约23厘米，横径约3.5厘米，须根少，表皮光滑、白色。单根重0.8～1.2千克。肉质脆嫩，味甜，纤维少，不易糠心，品质优良。

【栽培要点】 播种期从4月中旬至9月中旬。穴播，株行距15厘米×20厘米，间苗2次。苗期少施肥，肉质根膨大期重施肥。6月上旬至11月上旬收获。

【种植地区】 湖北、广东、海南等省普遍栽培。

【供种单位】 武汉恒世达种苗有限公司　武汉市武昌区中山路420号　邮编：430064　电话：027—88054197

45. 丰光萝卜

【种　源】 山西省农业科学院蔬菜研究所育成的一代杂交种。1992年经山西省农作物品种审定委员会审定。

【特征特性】 肉质根长圆柱形，2/5出土，上部浅绿色，下部白色,长28~30厘米,粗9~10厘米。单根重2千克。生长期85天。耐热,抗病,适应性强。肉质根致密、脆嫩,无辣味,水分适中,品质好。生食、熟食和腌渍均可。耐贮藏。

【栽培要点】 山西省晋中地区于7月下旬至8月初播种。行距50厘米,株距33厘米。10月下旬收获。该品种叶量较小,适于密植。应注意防治病虫害,水肥管理以前控后促为主。

【种植地区】 山西、河北、河南等省广泛种植。

【供种单位】 山西省运城市丰宝种苗有限公司 山西省运城市黄河大道138号 邮编:044000 电话:0359—2125776

46. 福天下萝卜

【种 源】 大连米可多国际种苗公司从国外引进的品种。

【特征特性】 播种后55~60天,根长可以达到36~38厘米,年内可以收获的大型青首大根。对黄萎病有抗性,最适合在发病地区种植。头部为浓鲜绿色,但肉质不变绿。尾部肥大性也很好,整齐度极佳。产量较高。表皮光滑,多汁,口味佳。叶片有光泽,浓绿色,稍短。叶数多,直立。适合于密植栽培。

【栽培要点】 选土壤疏松、土层深厚的田地深耕后高畦栽培。底肥要足,合理增施有机肥。

【种植地区】 全国各地。

【供种单位】 大连米可多国际种苗公司 大连市西岗区英华街35号 邮编:116011 电话:0411—3640870

47. 福味萝卜

【种 源】 大连米可多国际种苗公司从国外引进。

【特征特性】 属秋种品种。生育期60~65天。适时采收,根长可达38厘米,根径8厘米,绿肩根白,无须根,肉质细腻,甘甜可口,为福味大根的改良品种。高抗各种病害,易栽培,可密植,适合加工用。

【栽培要点】 选土壤疏松、土层深厚的田地深耕后高畦栽培。底肥要足，合理增施有机肥。

【种植地区】 全国各地。

【供种单位】 大连米可多国际种苗公司　大连市西岗区英华街35号　邮编:116011　电话:0411—3640870

48. 富春大根萝卜

【种　源】 山东省寿光先正达种子有限公司育成。

【特征特性】 属杂交一代青首春萝卜。根长37～40厘米，根径7～8厘米。单根重1.2～1.5千克。根部直而美观，根长圆柱形，不易糠心，商品性极好。叶色浓绿，抗病能力强，抗抽薹。在较低的温度条件下，肉质根生长良好。

【栽培要点】 在栽培过程中，应注意防治病虫害，水肥管理以前控后促为主。

【种植地区】 华北地区。

【供种单位】 山东省寿光先正达种子有限公司　寿光市稻田镇　邮编:262706　电话:0536—5058698

49. 富士大根萝卜

【种　源】 昆明爱绿特种业有限公司从国外引进。

【特征特性】 根长圆形，根皮头部浅绿色，有光泽，商品性好。根长约32厘米，根茎约8厘米。单根重约1千克。肉质紧密。耐低温，抽薹晚。叶片直立，叶数少。生育期70天左右。适应性广。南北方春秋均可栽培。夏季可在冷凉地栽培。

【栽培要点】 不可育苗移栽。行距50厘米，株距30厘米。每667平方米栽4400株。

【种植地区】 全国各地。

【供种单位】 昆明爱绿特种业有限公司 昆明市小板桥种业市场4—4号 邮编:650214 电话:0871—7361259

50. 干自慢白萝卜

【种 源】 大连米可多国际种苗公司从日本引进。

【特征特性】 播种后75天根长可达50厘米,根径7厘米左右,理想型。根色纯白、光洁,无须根,肉质细腻,品质极佳。叶色淡绿,中长叶较多。半直立,可适当密植。抗病性强。易栽培,拔取收获容易。为加工出口最佳品种。

【栽培要点】 选土壤疏松、土层深厚的地深耕后高畦栽培。底肥要足,合理增施有机肥。栽培过程中应注意防治病虫害,水肥管理以前控后促为主。

【种植地区】 各地根据当地气候条件适时种植。

【供种单位】 大连米可多国际种苗公司 大连市西岗区英华街35号 邮编:116011 电话:0411—3640870

51. 干渍理想白萝卜

【种 源】 福州农播王种苗有限公司从日本引进的高品质白萝卜品种。

【特征特性】 播种后75天可收获。整齐度高。抗黄萎病、病毒病。根形细长,肩部尖,糠心迟。根长45厘米,单根重0.7~0.9千克,如果延迟收获,单根重可达1.2千克,根长可达50厘米。

【栽培要点】 一般中原温暖地区9月上旬播种,11月收获。

【种植地区】 各地根据当地气候条件适时种植。

【供种单位】 福州农播王种苗有限公司 福建省福州市工业路568号福建留学人员创业园2—209 邮编:350002 电话:0591—3795697

52. 赣新春白玉萝卜

【种　源】 江西省赣新种子有限公司选育。

【特征特性】 为一代交配品种。叶簇直立,花叶类型,叶数少,肉质根圆柱形,根长30~34厘米,根径6~7厘米。单根重1千克左右。根下部纯白色,肉质白,脆嫩,品质佳,商品性好。耐低温,耐抽薹。畸形根、裂根少,糠心迟。

【栽培要点】 春播60天可采收,采收期可延续30天以上。是理想的春萝卜品种。

【种植地区】 华中地区。

【供种单位】 江西省赣新种子有限公司　南昌市万福寺18号—13号　邮编:330009　电话:0791—6502320

53. 勾白萝卜

【种　源】 杭州市郊农家品种。

【特征特性】 植株较小,叶丛直立,株高50厘米左右。叶缘9~10对,小裂叶,排列紧密,绿色。根长10厘米,横径约6厘米,上小下大,形稍弯。根部2/3露出地面,极易收拔。单根重0.09~0.1千克。皮肉均为白色。中早熟,生长期60~80天。较耐高温,抗病虫害。质地细密,宜熟食和腌制加工。

【栽培要点】 播种期7月中旬至8月上旬,每667平方米播种量为1~1.5千克。撒播,应及时间苗、定苗,行株距22厘米×18厘米。收获期9月至10月。

【种植地区】 华东地区。

【供种单位】 杭州市种子公司　杭州市凤起东路81号　邮编:310020

54. 故乡叶萝卜

【种　源】 北京世农种苗有限公司选育。

【特征特性】 叶色深绿,叶数多,播种后25～30天可收获。叶柄茸毛少,收获便利。叶片柔软,口感好。易捆扎包装,保鲜时间长,耐贮运。

【栽培要点】 适期栽培、采收,防止出现抽薹现象。过于密植或氮素过多容易徒长,将影响其商品性。因此,要适当密植,适量施氮肥。

【种植地区】 全国各地。

【供种单位】 北京世农种苗有限公司　北京市大兴区康庄路口福海大厦二楼　邮编:102600　电话:010—60205688

55. 含香叶萝卜

【种　源】 北京世农种苗有限公司选育。

【特征特性】 叶色深绿。耐暑性强,播种后25～30天可收获。叶数多,有光泽,保鲜时间长,商品性佳。捆扎容易,抗病性强,易栽培。

【栽培要点】 过早播种或推迟收获期有抽薹的危险。过于密植或氮素过多容易徒长,将影响其商品性。因此,要适当密植和适量施氮肥。

【种植地区】 全国各地。

【供种单位】 北京世农种苗有限公司　北京市大兴区康庄路口福海大厦二楼　邮编:102600　电话:010—60205688

56. 寒春青首萝卜

【种　源】 福州农播王种苗有限公司从日本引进的高品质萝卜品种。

【特征特性】 抽薹极晚。在低温条件下伸长性良好的大型青首萝卜。单根重达1千克时，根长38厘米，根径约7.3厘米。

【栽培要点】 适于长江以南地区11月至1月中旬的双重小拱棚加地膜覆盖栽培。也可以用于中原地区1～2月的小拱棚加地膜覆盖栽培。

【种植地区】 各地根据当地气候条件适时种植。

【供种单位】 福州农播王种苗有限公司 福建省福州市工业路568号福建留学人员创业园2—209 邮编：350002 电话：0591—3795697

57. 寒春青首2号萝卜

【种　源】 福州农播王种苗有限公司从日本引进的高品质萝卜品种。

【特征特性】 极晚抽薹，低温生长性良好，最适于越冬栽培。株型紧凑，不宜过于繁茂，容易栽培。单根重达1.2千克时，根长38～40厘米，根径7.5厘米左右。根部稍长，整齐一致。

【栽培要点】 最适于中原温暖地区10月中旬至12月播种，3～4月收获的小拱棚加地膜覆盖栽培。也适于冷凉地区4～5月播种，6～7月收获。

【种植地区】 各地根据当地气候条件适时种植。

【供种单位】 福州农播王种苗有限公司 福建省福州市工业路568号福建留学人员创业园2—209 邮编：350002 电话：0591—3795697

58. 寒玉萝卜

【种　源】 广东省良种引进服务公司选育。

【特征特性】 抗寒，耐抽薹，较其他春萝卜耐热。肉质、根皮均纯白，圆柱形，形状匀称美观，长28～30厘米，商品性极佳。播种后65天收获。单根重1千克左右,可延续收获至80天也不糠心。

【栽培要点】 在广东北部海拔较高地区(海拔400米以上),除了在6~7月的高温期及1~2月的低温期须避免播种外,其余时间均可种植。广东中部以及南部平原地区,播种期为9月至翌年3月。在低温季节播种育苗,温度须保持在10℃以上。每667平方米用种量约75克。

【种植地区】 华南地区。

【供种单位】 广东省良种引进服务公司 广州市麓景路狮带岗中一号兴隆大厦六楼 邮编:510091 电话:0756—8884073

59. 汉选1号萝卜

【种　源】 利用陕西省汉中市农家品种选育而成。

【特征特性】 植株较紧凑,叶簇直立,枇杷叶形,叶柄叶脉红色。肉质根长圆柱形,表皮红色,肉白色,品质细嫩,味甜水分多。抗逆性、耐热性较强。单根重0.5~0.8千克。一般每667平方米产量5000千克以上。

【栽培要点】 5月上旬至10月上旬均可播种。株行距30厘米×20厘米。5~8月播种的生长期为50~60天,9~10月播种的生长期为90~100天。

【种植地区】 陕西省及西北大部分地区。

【供种单位】 陕西省汉中市汉台区农业技术中心服务部 陕西省汉中市康复路17号 邮编:723000 电话:0916—2122896

60. 早红萝卜

【种　源】 南京理想种苗有限公司选育。

【特征特性】 植株半直立,株高30厘米,开展度35厘米。叶片绿色,叶面微皱,叶柄深绿色。肉质根长椭圆形,皮水红色,肉白色。单根重 0.25～0.4 千克。抗热,抗霜霉病。水分少,组织致密。生长期 60～65 天。

【栽培要点】 南京地区以春播为主,于 3 月中下旬撒播,定苗时行株距为 20 厘米×15 厘米。5 月下旬至 6 月上旬收获。秋季于 8 月上旬播种,10 月上旬收获。

【种植地区】 华东大部分地区都可种植。

【供种单位】 南京理想种苗有限公司 南京市太平门岗子村 60—8 号 邮编:210042 电话:025—5429992

61. 红宝萝卜(一代交配)

【种　源】 武汉九头鸟种业有限公司选育。

【特征特性】 属耐高温的圆红萝卜品种。入土浅,生长快。皮红肉白,肉质细腻,不易糠心,商品性极佳。

【栽培要点】 采用平畦直播,播种方法一般用条播,行距 10 厘米,株距 3 厘米,播种深度 1.5 厘米。春季露地播种时,由于寒冷多风,播前要先浇足底水,播后覆细土厚 2 厘米。防止土壤板结,减少水分蒸发,提高土壤温度,以利于种子发芽和幼苗出土。在樱桃萝卜生长期间要注意土壤墒情,保持田间土壤湿润,土壤肥力不足时,可随浇水施入少量氮肥。

【种植地区】 华中地区可大面积种植,其他地区根据当地条件适时种植。

【供种单位】 武汉九头鸟种业有限公司 武汉市武昌区中山路 408 号 邮编:430064 电话:027—88066659

62. 红宝石樱桃萝卜

【种　源】 北京思地沃农业发展有限公司从国外引进的樱桃萝卜优良品种。

【特征特性】 新选樱桃萝卜种。早熟,表皮鲜红色,肉白色,叶丛中短。高产。品质极佳。适合露地、大棚及温室栽培。

【栽培要点】 平畦直播，播种方法一般用条播。行距10厘米，株距3厘米，播种深度1.5厘米。由于春季寒冷多风，春季露地播种时，播前先浇足底水，播种后覆细土厚2厘米，防止土壤板结，减少水分蒸发，提高土壤温度，以利于种子发芽和幼苗出土。在樱桃萝卜生长期间要注意土壤墒情，保持田间土壤湿润，土壤肥力不足时，可随浇水施入少量氮肥。

【种植地区】 全国各地均可种植。

【供种单位】 北京思地沃农业发展有限公司 北京市阜成路42号中裕商务花园18号楼B座一层 邮编：100036 电话：010—88115854

63. 红丁水萝卜

【种 源】 大连米可多国际种苗公司选育的三季均可栽培的早熟品种。

【特征特性】 浓绿短叶，根球绯红色，圆球形。耐低温，抗抽薹，易栽培。

【栽培要点】 除高温多雨的季节不适应栽培外，其他季节都可以栽培。以施基肥为主，一般不需要追肥，因其生长期短，肉质根小，所以对肥料种类以及数量要求不严格。

【种植地区】 全国各地。

【供种单位】 大连米可多国际种苗公司 大连市西岗区英华街35号 邮编：116011 电话：0411—3640870

64. 红丰2号红萝卜

【种 源】 采用沈阳市农科院发明专利技术红萝卜雄性不育系配制的一代杂种。

【特征特性】 肉质根圆形，根皮全红色，根肉白色。叶丛半直立，花叶，叶色浓绿。生育期60～85天。高产，质优。抗病毒病。适应性强。耐贮藏。我国红萝卜产区均可种植。

【栽培要点】 选土壤疏松、土层深厚的田地深耕后栽培。底肥要足，合理增施有机肥。栽培过程中应注意病虫害防治，水肥管理以前控后促为主。

【种植地区】 全国各地均可种植。

【供种单位】 沈阳市农科院　沈阳市黄河北大街96号　邮编：110034　电话：024—86525879

65. 红丰1号红萝卜

种源、特征特性、栽培要点、种植地区、供种单位同红丰2号红萝卜。

66. 红铃樱桃萝卜

【种　源】 北京思地沃农业发展有限公司从国外引进的樱桃萝卜优良品种。

【特征特性】 红白两色樱桃萝卜。晚熟种。成熟期30～35天。圆球形，基部亮红色，顶部1/3为白色，叶丛健壮，叶丛中高。适合露地及热带种植。

【栽培要点】 樱桃萝卜除高温多雨的季节不宜栽培外，其他季节都可以栽培。以施基肥为主，一般不需要追肥。因其生长期短，肉质根小，所以对肥料种类以及数量要求不严格。采用平畦直播，播种方法一般用条播，行距10厘米，株距3厘米，播种深度1.5厘米。由于春季寒冷多风，春季露地播种时，采取播前先浇足底水，播种后覆细土厚2厘米，防止土壤板结，减少水分蒸发，提高土壤温度，以利于种子发芽和幼苗出土。在樱桃萝卜生长期间要注意土壤墒情，保持田间土壤湿润，土壤肥力不足时，可随浇水施入少量氮肥。

【种植地区】 全国各地。

【供种单位】 北京思地沃农业发展有限公司 北京市阜成路42号中裕商务花园18号楼B座一层 邮编:100036 电话:010—88115854

67. 红葡萄樱桃萝卜

【种 源】 北京思地沃农业发展有限公司从国外引进的樱桃萝卜优良品种。

【特征特性】 新选樱桃萝卜种。早熟,表皮为亮红色,肉白色,叶丛较短,品质非常好。近圆球形。适合露地,大棚及温室栽培。

栽培要点、种植地区、供种单位同红铃樱桃萝卜。

68. 红禧萝卜

【种 源】 北京思地沃农业发展有限公司从国外引进的樱桃萝卜优良品种。

【特征特性】 早熟萝卜品种。表皮亮红色,肉白色。叶丛中短。圆球形,肉质紧实,嫩脆。适合早熟栽培。

栽培要点、种植地区、供种单位同红铃樱桃萝卜。

69. 红秀红萝卜

【种 源】 湖北省农科院蔬菜技术中心育成。

【特征特性】 早生50天红皮萝卜。极为耐热。株高30厘米,株型半直立。叶片为中间形,叶色深绿,主脉为大红色。肉质根为短圆筒形,根长18厘米左右,横径为9厘米左右。成熟期单根重为0.5千克。肉白色,肉质脆嫩,品质佳。适应性广,抗病力强。为夏秋种红皮萝卜优秀品种。

【栽培要点】 长江流域及其以南地区于4月下旬至9月上旬

播种，株行距为25厘米×30厘米。每667平方米种植5000株左右，选择砂壤土深沟高畦栽培。点播，每667平方米用种量为150克，一般每667平方米产量2500千克左右。

【种植地区】 长江流域。

【供种单位】 湖北省农科院蔬菜技术中心　武汉市武昌中山路486号　邮编:430064　电话:027—88044370

70. 红樱桃101樱桃萝卜

【种　源】 北京思地沃农业发展有限公司从国外引进的樱桃萝卜优良品种。

【特征特性】 极早熟樱桃萝卜品种，熟期22天。圆球形，表皮亮红色，叶丛短，肉白色，适合早熟栽培。

栽培要点、种植地区、供种单位同红铃樱桃萝卜。

71. 红玉萝卜

【种　源】 陕西省汉中市汉台区农业技术中心服务部选育。

【特征特性】 植株较紧凑，叶簇直立，枇杷叶形，叶柄叶脉红色。肉质根长圆柱形，表皮红色，肉白色。品质细嫩，味甜水分多。抗逆、抗热性强。单根重0.5～0.8千克。每667平方米产量5000千克以上。

【栽培要点】 一般5月上旬到10月上旬均可以播种，株行距30厘米×20厘米。5～8月播种的，生长期为50～60天；9～10月播种的，生长期为90～100天。

【种植地区】 全国各地。

【供种单位】 陕西省汉中市汉台区农业技术中心服务部　陕西省汉中市康复路17号　邮编:723000　电话:0916—2122896

72. 黄洲萝卜

【种　源】 武汉九头鸟种业有限公司选育。

【特征特性】 花叶,叶片黄绿色,主脉淡绿色。株高 60～63 厘米。肉质根长圆筒形,底部平,长 20～24 厘米,横径 5～7 厘米,根肩淡黄绿色,入土部分为白色。耐寒性较强。耐贮运。肉质紧密,水分中等。

【栽培要点】 选土壤疏松、土层深厚的地块深耕后高畦栽培。底肥要足,合理增施有机肥。后期注意防止病虫害。

【种植地区】 湖北全省都可以种植。其他地区根据当地气候条件适时种植。

【供种单位】 武汉九头鸟种业有限公司　武汉市武昌区中山路 408 号　邮编:430064　电话:027—88066659

73. 晋萝卜 1 号

【种　源】 山西省运城市丰宝种苗有限公司育成。1991 年通过山西省农作物品种审定委员会审定。

【特征特性】 肉质根长圆筒形,上下等粗,2/3 出土,地上部分青色,地下部分白色,长 35～38 厘米,粗 8 厘米。单根重 1.5～2 千克。是优质高产的秋萝卜品种。

【栽培要点】 山西省晋中地区于 7 月下旬至 8 月初播种,行距 50 厘米,株距 33 厘米。10 月下旬收获。栽培过程中注意防治病虫害。

【种植地区】 山西省。

【供种单位】 山西省运城市丰宝种苗有限公司　山西省运城市黄河大道 138 号　邮编:044000　电话:0359—2125776

74. 精品白玉春萝卜

【种　源】 武汉九头鸟种业有限公司引进。

【特征特性】 适合早春保护地和露地栽培的优良早熟品种。叶数少,直立性强,不易抽薹。根部全白,根皮光滑,肉质清脆,口感好。单根重0.8~1.5千克。不易糠心,极少发生裂根。

【栽培要点】 春季保护地栽培,于2月中下旬播种,4月上中旬收获;露地栽培,于3月上中旬播种,4月末至5月上旬收获。采用平畦栽培,生长期50天。

【种植地区】 全国各地均可栽培。

【供种单位】 武汉九头鸟种业有限公司　武汉市武昌区中山路408号　邮编:430064　电话:027—88066659

75. 井田春白萝卜

【种　源】 北京井田种苗有限公司从韩国引进的春种白萝卜优秀品种。

【特征特性】 极晚抽薹,适合春季保护地及露地栽培。根长33~35厘米,横径6~7厘米。肉质脆,口感好。裂根少。

【栽培要点】 春季保护地栽培,于2月中下旬播种,4月上中旬收获;露地栽培,于3月上中旬播种,4月末至5月上旬收获,生长期65~70天。

【种植地区】 全国各地。

【供种单位】 北京井田种苗有限公司　北京市朝阳区管庄西里67号1—102室　邮编:100024　电话:010—65767808或65715298

76. 抗 热 40

【种　源】 武汉九头鸟种业有限公司选育。

【特征特性】 夏秋类型，极早生40天。抗热性强，在40℃高温下幼苗仍能正常生长。肉质根长圆柱形，长20～25厘米，横径5～7厘米。白皮白肉，脆嫩多汁。叶淡绿色，板叶，有2～3对小裂。抗病毒病。品质优。适应性强。产量高。

【栽培要点】 7月至8月上旬撒播。深耕，施足基肥。播种后可以覆盖稻草，以利于早出苗。幼苗期及时间苗除草，追肥1～2次，定苗后不再追肥。生长后期注意防治病虫害。

【种植地区】 华中地区。

【供种单位】 武汉九头鸟种业有限公司 武汉市武昌区中山路408号 邮编：430064 电话：027—88066659

77. 理想大根白萝卜

【种　源】 北京井田种苗有限公司从国外引进。

【特征特性】 纯白萝卜品种。肉质软，适合腌渍用。立秋后播种，经60～70天收获。不易糠心。肉质根圆柱形。适合剥皮加工。

【栽培要点】 播种期为8～9月，穴播或条播。间苗2次，株行距为18厘米×22厘米。收获期11月前后。

【种植地区】 全国各地均可适时种植。

【供种单位】 北京井田种苗有限公司 北京市朝阳区管庄西里67号1—102室 邮编：100024 电话：010—65767808或65715298

78. 立春大根萝卜

【种　源】 山东省寿光先正达种子有限公司育成。

【特征特性】 早熟杂交一代萝卜品种。春季播种，60～65天收获。夏季可在高寒地栽培。叶深绿色，高抗病毒病、霜霉病及软腐病。根长43～47厘米，横径7～8厘米。不易糠心。

【栽培要点】 春季保护地栽培，于2月中下旬播种，4月上中旬收获；露地栽培，于3月上中旬播种，4月末至5月上旬收获，生长期65～70天。

【种植地区】 全国各地均可适时种植。

【供种单位】 山东省寿光先正达种子有限公司 寿光市稻田镇 邮编：262706 电话：0536—5058698

79. 鲁春萝卜1号

【种 源】 青岛市农业科学研究所育成的四季萝卜一代杂种，原名"春水萝卜19号"。1991年通过山东省农作物品种审定委员会审定，并命名为"鲁春萝卜1号"。比对照增产39%以上。

【特性特征】 植株有板叶6～7枚，色鲜绿，叶丛半直立。肉质根长圆锥形，地上性强。皮色鲜红，肉色白，质脆嫩，多汁，味淡甜。糠心迟。平均单根重0.095千克。该品种具有高产、优质、抽薹迟等优点，可生食或熟食。适宜保护地和春季露地栽培。

【栽培要点】 青岛地区小拱棚栽培，于2月中下旬播种，4月上中旬收获；露地栽培，于3月上中旬播种，4月末至5月上旬收获。采用平畦栽培，生长期50天。

【种植地区】 适宜山东省及与山东省气候相似地区种植。

【供种单位】 青岛市农业科学研究所新技术开发中心 青岛市李沧区浮山路198号 邮编：266100 电话：0532—7899084或7622400

80. 绿星大红萝卜

【种 源】 沈阳市绿星蔬菜研究所育成。

【特征特性】 肉质根圆形，根皮全红色，光滑亮丽。根肉白色，肉质细腻，外形美观，小顶小根，须根少，不裂根。叶丛半直立，花叶，叶色深绿。抗病毒病、霜霉病、软腐病和黑腐病。抗逆性强。

风味、品质优。耐贮藏。

【栽培要点】 早熟种,60天即可上市。选土壤疏松、土层深厚的地块深耕后栽培。底肥要足,合理增施有机肥。一般每667平方米产量5000千克左右。如肥水充足,产量更高。

【种植地区】 东北各省均可栽培。

【供种单位】 沈阳市绿星蔬菜研究所 沈阳市于洪区造化乡旺牛 邮编:110148 电话:024—89346225

81. 满堂红萝卜

【种 源】 山西省运城市丰宝种苗有限公司从地方品种选育而成。

【特征特性】 叶簇直立,肉质根近圆形,根皮翠绿色,根肉呈漂亮的紫红色。适宜生食,肉质脆嫩,甜度高,不易糠心,是优良的水果萝卜。

【栽培要点】 山西省运城地区8月播种,多平畦栽培。一般行距33厘米,株距25~30厘米。选砂壤土栽培,施好基肥,定苗后和肉质根膨大期分别追施氮磷钾复合肥,并配合浇水。肉质根膨大期间,注意浇水要均匀。10月下旬至11月收获。

【种植地区】 北京市和东北、华北地区均可种植。

【供种单位】 山西省运城市丰宝种苗有限公司 山西省运城市黄河大道138号 邮编:044000 电话:0359—2125776

82. 美浓萝卜

【种 源】 武汉市蔬菜科学研究所选育。

【特征特性】 肉质根圆柱形,地上部分黄绿色,地下部分白色。抗逆性强。肉质致密,味甜。熟食、加工皆宜。

【栽培要点】 武汉市秋季栽培,7月下旬至8月初播种,前期注意适当蹲苗,肉质根膨大期加强肥水管理。一般每667平方米产量 4 500 千克。

【种植地区】 全国各地。

【供种单位】 武汉市蔬菜科学研究所　武汉市武昌张家湾特一号　邮编:430065　电话:027—88116330

83. 美心小萝卜

【种　源】 哈尔滨佳禾农业开发有限公司引进。

【特征特性】 早熟,生长快。长圆柱形,长约 5 厘米,根径2～3 厘米,无糠心,外皮红色,有光泽,上部稍细。叶中等。口味甜脆且微辣。耐抽薹。抗病。高产。

【栽培要点】 选土壤疏松、土层深厚的田地深耕后栽培。底肥要足,合理增施有机肥。

【种植地区】 各地根据当地气候条件适时种植。

【供种单位】 哈尔滨佳禾农业开发有限公司　哈尔滨市中山路 228 号　邮编:150001　电话 0451—2651044

84. 美玉大根萝卜(一代交配)

【种　源】 河北省邢台市金日种业有限公司选育。

【特征特性】 根形优美、商品性好的高产秋萝卜品种。植株叶半直立,板叶。耐高温,抗病性强。根皮光滑,有光泽,白色。播种 85 天后单根重达 4 千克,是理想的加工型品种。

【栽培要点】 尽量避免在排水不良地或贫瘠地栽培。

【种植地区】 北方大部分省、市均可种植。

【供种单位】 邢台市金日种业有限公司　河北省邢台市新兴东路 205 号　邮编:054001　电话:0319—3195171

85. 南京红萝卜

【种　源】 利用南京市地方品种选育而成。

【特征特性】 植株半直立,株高54厘米,开展度45.5厘米。叶片绿色,叶面微皱,叶柄紫红色。肉质根圆形,似灯笼。尾锐尖,肉白色。单根重0.25千克以上。为秋冬季萝卜品种。耐热,水分少,组织致密,适宜煮食。耐贮藏。

【栽培要点】 南京市于7月中旬到8月上旬播种。一般直播,行株距25厘米×25厘米,10月中旬至11月收获。秋播,生长期90~100天。每667平方米产量3000~4000千克。

【种植地区】 南京市主栽品种。与南京市气候相似地区也可种植。

【供种单位】 南京理想种苗有限公司 南京市太平门岗子村60—8号 邮编:210042 电话:025—5429992

86. 南畔洲萝卜

【种 源】 广东省潮汕地区农家品种。

【特征特性】 晚熟,生长期90多天。株形直立,株高48厘米,开展度55厘米。叶茎下部有缺刻,叶色浓绿,有茸毛。肉质根长纺锤形,长33厘米,横径9厘米,露出土面1/3。根蒂小,肉色雪白,纤维少,水分多。丰产。抗病。维生素含量为萝卜之冠。萝卜皮薄,色白,味甜,商品性极好。单根重1千克左右。每667平方米产量约5000千克。

【栽培要点】 广东省汕头市8~12月播种,适宜温度为15℃~25℃。条播、穴播均可,每667平方米用种量为0.5千克。株行距为25厘米×35厘米。间苗时间为第二片真叶展开至出现第四片真叶,同时及时定苗。施足基肥,苗期注意防治虫害。

【种植地区】 广东、海南等省均有栽培。

【供种单位】 武汉九头鸟种业有限公司 武汉市武昌区中山路408号 邮编:430064 电话:027—88066659

87. 廿日白萝卜

【种　源】 北京井田种苗有限公司从国外引进。

【特征特性】 根长8~10厘米,直径1.5厘米左右的纯白色长形白萝卜。肉质细腻。生长快。收获适期25~30天。适合家庭菜园栽培。

【栽培要点】 栽培相对简单,成熟极早。

【种植地区】 全国各地均可种植。

【供种单位】 北京井田种苗有限公司　北京市朝阳区管庄西里67号1—102室　邮编:100024　电话:010—65767808或65715298

88. 廿日大根樱桃白萝卜

【种　源】 北京井田种苗有限公司从国外引进。

【特征特性】 根叶比例平衡。圆球形,白色。收获比红色品种稍晚。不易糠心。根径2~3厘米。肩部稍有绿色,外观漂亮。圆叶,少茸毛,适合生食或者腌渍使用。

【栽培要点】 除高温多雨的季节不适宜栽培外,其他季节都可以栽培。以施基肥为主,一般不需要追肥。因其生长期短,肉质根小,所以对肥料种类以及数量要求不严格。采用平畦直播,播种方法一般用条播,行距10厘米,株距3厘米,播种深度1.5厘米。播前先浇足底水,播种后覆细土厚2厘米,防止土壤板结,减少水分蒸发,提高土壤温度,以利于种子发芽和幼苗出土。生长期间要注意土壤墒情,保持田间土壤湿润。土壤肥力不足时,可随浇水施入少量氮肥。

【种植地区】 全国各地。

【供种单位】 北京井田种苗有限公司　北京市朝阳区管庄西里67号1—102室　邮编:100024　电话:010—65767808或

65715298

89. 廿日大根樱桃红萝卜

【种　源】 北京井田种苗有限公司从国外引进。

【特征特性】 根呈圆球形,直根细,整齐性极好。不易糠心。小叶直立,耐热耐寒性强,周年可以栽培。

栽培要点、种植地区、供种单位同廿日大根樱桃白萝卜。、

90. 农春大根萝卜

【种　源】 北京世农种苗有限公司选育。

【特征特性】 叶片较短,可密植。低温弱光下根肥快,播后60天可收获。抽薹晚,大棚、露地均可栽培。歧根、裂根少,糠心晚。品质佳。

【栽培要点】 生育初期要保持10℃以上温度。后期注意追肥,浇水要均匀,否则容易裂根。

【种植地区】 全国各地均可适时栽培。

【供种单位】 北京世农种苗有限公司　北京市大兴区康庄路口福海大厦二楼　邮编:102600　电话:010—60205688

91. 七叶红萝卜

【种　源】 武汉九头鸟种业有限公司选育。

【特征特性】 早熟。抗热,耐寒,耐旱。播后45天即可收获。叶簇半直立,板叶。根呈圆球形,大红色。单根重0.15千克左右。

【栽培要点】 3~6月均可播种。每667平方米产量3 000千克,最高的可达4 000千克。直播,每667平方米用种量1~1.5千克。

【种植地区】 湖北省各地。

【供种单位】 武汉九头鸟种业有限公司　武汉市武昌区中山

路408号　邮编:430064　电话:027—88066659

92. 千禧2号白萝卜

【种　源】 青岛市农业科学研究所育成的白萝卜一代杂种。

【特性特征】 早熟,从播种到收获60~65天。可春秋两季栽培。适应性广,耐病性强。叶色浓绿,叶丛半开张。肉质根为长圆锥形,白皮,白肉,肉质细,脆嫩,品质好。糠心迟。肉质根长42~45厘米,根径6.5~7厘米。单根重1千克左右。

【栽培要点】 青岛市秋季栽培7月下旬至8月中旬播种,9月下旬至10月下旬收获。春季栽培在4月末至5月上旬播种,6月末至7月上旬收获。栽植密度为行距55厘米,株距25~30厘米。

【种植地区】 各地秋季均可栽培。春季栽培应根据各地气候特点选择播种期,不要过早播种。

【供种单位】 青岛市农科院蔬菜研究所萝卜研究室　青岛市李沧区浮山路168号　邮编:266100　电话:0532—7622400或7899084

93. 千禧1号白萝卜

【种　源】 青岛市农业科学研究所育成的白萝卜一代杂种。

【特性特征】 早熟,从播种到收获60~65天。可春秋两季栽培。适应性广,耐病性强。叶色浓绿,叶丛半直立,较适宜密植。肉质根长圆锥形,须根少,根长40~45厘米,根径7~7.5厘米。单根重1千克左右。根出土部分浅绿色,入土部分白色。肉质细,脆嫩,品质好。糠心迟。

栽培要点、种植地区、供种单位同千禧2号白萝卜。

94. 浅渍理想白萝卜

【种　源】 福州农播王种苗有限公司从日本引进的高品质白萝卜品种。

【特征特性】 可以适当早播的浅渍用大根。抗病性强，肥大快，容易栽培。单根重1千克时，根长45~50厘米，根径5~6厘米。不易弯曲，整齐度好。

【栽培要点】 适于中原温暖地区8月中旬至9月中旬播种，10月下旬至12月收获。

【种植地区】 各地根据当地气候条件适时种植。

【供种单位】 福州农播王种苗有限公司　福建省福州市工业路568号福建留学人员创业园2—209　邮编：350002　电话：0591—3795697

95. 青白萝卜

【种　源】 北京世农种苗有限公司选育。

【特征特性】 根形优美、口感一流的秋季栽培品种。根形有光泽，水分及甜度适中，味道好。叶色浓绿，叶不易脱落。耐贮运。抗病性强。播种后65~70天即可收获。

【栽培要点】 生长初期要保持旺盛的生长势，注意保持土壤水分。

【种植地区】 全国各地。

【供种单位】 北京世农种苗有限公司　北京市大兴区康庄路口福海大厦二楼　邮编：102600　电话：010—60205688

96. 青叶春不老萝卜

【种　源】 利用重庆地方良种提纯而成。

【特征特性】 中熟种。叶簇半直立，叶片绿色。肉质根近圆形,皮肉白色、细嫩,不易糠心。单根重0.5~2.5千克。不易抽薹,从播种到采收80~120天。每667平方米产量5000千克左右。

【栽培要点】 8月中旬至10月中下旬播种。直播、移栽均可。每667平方米栽植5000株左右。加强肥水管理,注意防治蚜虫。本品种适宜在长江流域冬春栽培。

【种植地区】 长江流域及气候条件相似地区均可种植。

【供种单位】 重庆市种子公司蔬菜种子分公司　重庆市南岸区南坪东路二巷12号　邮编:400060　电话:023—62837096

97. 青珍珠萝卜

【种　源】 北京世农种苗有限公司选育。

【特征特性】 根形好,商品性好。播种后65天左右即可收获的秋季栽培品种。根首部绿色,根皮光滑,根形优美,商品性高。抗病性强,易栽培,单根重0.8~0.9克。

【栽培要点】 北方地区一般于7月中下旬至8月上旬播种,10月上中旬至11月上旬收获。起垄栽培,行株距40厘米×25厘米。定苗后及时中耕培土,生长期间应注意加强肥水管理,注意防涝。

【种植地区】 全国大部分地区均可种植。

【供种单位】 北京世农种苗有限公司　北京市大兴区康庄路口福海大厦二楼　邮编:102600　电话:010—60205688

98. 青风萝卜

【种　源】 福州农播王种苗有限公司从日本引进的高品质萝卜品种。

【特征特性】 糠心迟,高抗黄萎病、病毒病。株型直立紧凑,适合小拱棚栽培。根圆柱形,单根重1.2千克时,根长35厘米,根径7.5厘米，皮色光洁，整齐度高。

【栽培要点】 最适合于中原地区1月下旬至4月上旬播种的小拱棚栽培，也适合于冷凉地区4~5月播种。

【种植地区】 各地根据当地气候条件适时种植。

【供种单位】 福州农播王种苗有限公司 福建省福州市工业路568号福建留学人员创业园2—209 邮编：350002 电话：0591—3795697

99. 清夏美浓萝卜

【种 源】 福州农播王种苗有限公司从日本引进的高品质白萝卜品种。

【特征特性】 属耐热、抗病、容易栽培的夏美浓型大根。根长45厘米，根径5.3厘米，单根重0.8~1千克。夏播48天后开始收获。

【栽培要点】 最适于中原地区7~8月播种，8月下旬至10月收获。

【种植地区】 各地根据当地气候条件适时种植。

【供种单位】 福州农播王种苗有限公司 福建省福州市工业路568号福建留学人员创业园2—209 邮编：350002 电话：0591—3795697

100. 秋光萝卜（一代交配）

【种 源】 河北省邢台市金日种业有限公司选育。

【特征特性】 植株叶丛半直立，花叶，耐高温，抗病性强。根皮光滑，有光泽均为白色。根形细长，肉质细腻，品质极佳，商品性优秀。播种70天，单根重达2.5千克左右。

【栽培要点】 尽量避免在排水不良地或贫瘠地栽培。北方地区一般于7月中下旬至8月上旬播种，10月上中旬至11月上旬收获。起垄栽培,行株距40厘米×25厘米。定苗后及时中耕培土,生长期间应注意加强肥水管理。

【种植地区】 华北、东北等地区。

【供种单位】 河北省邢台市金日种业有限公司 邢台市新兴东路205号 邮编:054001 电话:0319—3195171

101. 秋魁白萝卜

【种　源】 江苏正大种子有限公司从当地品种选育而成。

【特征特性】 耐寒,抗病,生长速度快。晚春、早秋栽培,经55天上市。平均单根重1.5千克以上。品质特优。

【栽培要点】 江苏省一般于7月中旬至8月播种,行株距26~30厘米左右,10月上旬开始收获。

【种植地区】 江苏省各地。

【供种单位】 江苏正大种子有限公司 江苏省如东经济技术开发区 邮编:226400 电话:0513—4128004或4532095

102. 秋美浓萝卜

【种　源】 山西省运城市丰宝种苗有限公司从国外引进。

【特征特性】 叶簇半直立,肉质根长圆筒形,根长40厘米以上,根皮根肉全为雪白色。单根重1~1.5千克,可生食、熟食和腌渍,不易糠心,耐贮藏。腌渍加工品质极好。

【栽培要点】 北方地区一般于7月中下旬至8月上旬播种,10月上中旬至11月上旬收获。起垄栽培,行株距40厘米×25厘米。定苗后及时中耕培土,生长期间应注意加强肥水管理。

【种植地区】 全国各地均可种植。

【供种单位】 山西省运城市丰宝种苗有限公司 山西省运城市黄河大道138号 邮编:044000 电话:0359—2125776

103. 日本超级白玉春萝卜

【种　源】 广州市南港农业种苗有限公司从日本引进。

【特征特性】 为适合早春保护地和露地栽培的优良品种。叶数少,抗抽薹,不易糠心。根部全白,表皮光滑,肉质清脆,口感好。单根重1.2~1.6千克。极少发生裂根。播种后60天可收获。

【栽培要点】 华北地区露地一般在3月下旬播种,保护地可在3月上中旬播种。其他地区可参考当地气温适时播种。春播地温较低,可以采用浸种催芽与种后覆盖方式,以保证出苗。施肥以基肥为主,每667平方米施用2 500千克腐熟有机肥。共追肥2次,一次在定苗后,一次在肉质根膨大期。从播种到出苗期间应保持土壤湿润,每隔2~3天浇水1次,直至出苗整齐。在肉质根膨大期一般每7~10天浇水1次。

【种植地区】 全国大部分地区均可栽培。

【供种单位】 广州市南港农业种苗有限公司　广东省农科院蔬菜研究所种子市场A10号　邮编:510640　电话:020—87627290

104. 瑞春1号萝卜

【种　源】 福建农嘉种业股份有限公司选育。

【特征特性】 早中熟品种,从春季播种至采收大约60天,从秋季播种至采收大约75天。株形半开张,叶片羽状裂叶,叶色深绿。块根长圆柱形,白色,根长约30厘米,根径约8厘米。单根重1千克以上。冬性强,不易抽薹。耐热。抗花叶病毒病。高产。

【栽培要点】 选择沙质壤土栽培,注意肥水管理。生长前期注意培土,后期浇水要均匀。

【种植地区】 福建省各地。

【供种单位】 福建农嘉种业股份有限公司　福州市连江北路19号　邮编:350011　电话:0591—7321966

105. 神明小萝卜

【种　源】 北京世农种苗有限公司选育。

【特征特性】 在低温条件下生长良好，抽薹稳定，根部肥大快。根状整齐，肉质软，风味好，商品性佳。露地播种后50天左右可收获。单根重0.09～0.11千克。

【栽培要点】 选疏松沙质壤土栽培。可适当密植。注意肥水管理，适时采收。

【种植地区】 全国各地。

【供种单位】 北京世农种苗有限公司　北京市大兴区康庄路口福海大厦二楼　邮编:102600　电话:010—60205688

106. 双红1号红萝卜(一代交配)

【种　源】 武汉市蔬菜科学研究所育成的一代杂种。

【特征特性】 属抗热红皮萝卜中的极品。生长速度快，产量高。肉质根短圆筒形，皮红肉白，肉质脆嫩，品质佳。适应性广。

【栽培要点】 武汉市从4月中旬到9月中旬均可播种。生长期注意肥水管理，后期注意防治病虫害。

【种植地区】 湖北省各地。

【供种单位】 武汉市蔬菜科学研究所　武汉市武昌张家湾特1号　邮编:430065　电话:027—88116330

107. 四季红萝卜

【种　源】 重庆市种子公司蔬菜种子分公司选育。

【特征特性】 提纯种。全生育期40～80天。植株叶簇直立，叶长倒卵圆形，叶柄和叶肋红色，肉质根长圆柱形，红皮白肉，肉质脆甜多汁。该品种耐热，耐湿，适宜全国各地种植。但要根据各地土壤、气候条件适时播种。

【栽培要点】 3～5月夏播，生长期40～60天。7～9月秋播，生长期70～80天。株行距24厘米×28厘米。每667平方米用种量1千克左右。宜选择土层深厚、排水良好砂壤土栽培。注意防治蚜虫、菜螟和小菜蛾。

【种植地区】 长江流域。

【供种单位】 重庆市种子公司蔬菜种子分公司 重庆市南岸区南坪东路二巷12号 邮编:400060

108. 四月白萝卜（一代交配）

【种 源】 武汉市蔬菜科研所选育。

【特征特性】 肉质根长圆柱形，皮白肉白，肉质细腻，品质佳。抗抽薹性好。不易糠心。耐寒性强。特别适宜在棉、麦产区套种。

【栽培要点】 华中地区10月上旬播种，翌年3月下旬上市，产量高。华南、西南地区9～11月播种，翌年1～5月上市。被誉为“万能茬口”。

【种植地区】 华中、华南、西南等大部分地区均可种植。

【供种单位】 武汉市蔬菜科学研究所 武汉市武昌张家湾特1号 邮编:430065 电话:027—88116330

109. 太青萝卜

【种 源】 山东省寿光先正达种子有限公司育成。

【特征特性】 为早熟杂交一代春萝卜。春季播种后65～70天收获。根部圆柱形，带绿肩，根长24～28厘米，直径10～15厘米，口感脆。

【栽培要点】 华北地区一般在3月下旬播种，保护地可在3月上中旬播种。其他地区可参考当地气温适时播种。春播地温较低，可以采用浸种催芽与种后覆盖方式，以保证出苗。施肥以基肥为主，每 667 平方米施用 2 500 千克腐熟有机肥。共追肥 2 次：一次在定苗后，一次在肉质根膨大期。播种到出苗期间应保持土壤湿润，每隔 2～3 天浇水 1 次，直至出苗整齐。肉质根膨大期一般每 7～10 天浇水 1 次。

【种植地区】 全国各地根据当地气候条件均可种植。

【供种单位】 寿光先正达种子有限公司　山东省寿光市稻田镇　邮编：262706　电话：0536—5058698

110. 太阳萝卜

【种　源】 北京世农种苗有限公司选育。

【特征特性】 品质、口感均好。耐贮藏。为播后 65 天左右即可收获的秋季栽培品种。根均匀，叶片短，叶数少，可密植栽培。肉质细密。糠心晚。

【栽培要点】 北方地区一般于 7 月中下旬至 8 月上旬播种，10 月上中旬至 11 月上旬收获。起垄栽培，定苗后及时中耕培土，生长期间应注意加强肥水管理，生长后期注意防治病虫害。

【种植地区】 北方大部分地区均可种植。

【供种单位】 北京世农种苗有限公司　北京市大兴区康庄路口福海大厦二楼　邮编：102600　电话：010—60205688

111. 晚抽大吉萝卜

【种　源】 大连米可多国际种苗公司从国外引进。

【特征特性】 青首极耐抽薹品种。根长 36～38 厘米，根径 8 厘米左右，肉质细腻。叶色深绿，生长旺盛，耐低温。

【栽培要点】 选择沙质壤土栽培，注意肥水管理。生长前期注意培土，后期适时追肥，浇水要均匀。

【种植地区】 华北、西北大部分地区。

【供种单位】 大连米可多国际种苗公司　大连市西岗区英华

街35号 邮编:116011 电话:0411—3640870

112. 潍县青萝卜

【种　源】 山东省潍县地区农家品种。

【特征特性】 裂叶型,肉质根长25~30厘米,直径4~6厘米。肉质根长圆柱形,地上部分深绿色,占根长的3/4;地下部分白色,占1/4。根头部小,尾部细。单根重0.5千克左右。肉色翠绿,肉质紧密,生食甜脆,多汁微辣。耐贮藏,收获后经过一段时间(约15天)的贮藏后,风味更佳,素有水果萝卜之称。潍县青萝卜营养丰富,每百克鲜萝卜中含还原糖3.5克左右,维生素C 24~25毫克,淀粉酶260~280酶活单位。

【栽培要点】 ①适宜的播期:潍县青萝卜适应的温度范围是6℃~30℃,生长适温是14℃~18℃。播期过早,容易造成黑心和空心;播期过晚,则根生长不足,影响产量和品质,辣味浓。生长期80天左右,有效积温达到1 400℃左右时,即可保证有比较高的产量和很好的品质。②肥水管理:多施用有机肥,控制化肥使用量。播种前每667平方米施用4 000千克左右的圈肥加75千克饼肥或者加入40千克复合肥做基肥,幼苗期结合浇水每667平方米追施20千克硫酸钾,收获后品质佳产量高。肉质根开始膨大后,每5~6天浇水1次。11月上旬收获,经轻霜冻有利于提高品质,但是要注意防止冻害。③合理密植,平畦栽培,畦宽1.2~1.5米,每667平方米留苗7 000~8 000株。

【种植地区】 山东省及周围相关省、市种植。

【供种单位】 山东省潍坊市农业科学院 潍坊市奎文区东风东街239号 邮编:261041

113. 武青1号萝卜

【种　源】 武汉市蔬菜科学研究所选育。

【特征特性】 肉质根长圆柱形，地上部分翠绿色，地下部分白色。肉质细腻，味甜，熟食加工均可。每667平方米产量4 500千克。

【栽培要点】 武汉市8月25日至9月10日播种。

【种植地区】 全国各地。

【供种单位】 武汉市蔬菜科学研究所　武汉市武昌张家湾特1号　邮编：430065　电话：027—88116330

114. 武杂3号萝卜（一代交配）

【种　源】 武汉市蔬菜科学研究所选育。

【特征特性】 肉质根长圆柱形，地上部分黄绿色，地下部分白色。肉质细嫩，味甜，外形美，产量高。是理想的鲜食加工兼用品种。

【栽培要点】 武汉市处暑至白露播种，立冬至大雪收获。每667平方米产量5 500千克。

【种植地区】 湖北省各地。

【供种单位】 武汉市蔬菜科学研究所　武汉市武昌张家湾特1号　邮编：430065　电话：027—88116330

115. 夏长白2号白萝卜

【种　源】 江苏正大种子有限公司选育。

【特征特性】 特抗热，高温下不糠心，不黑心，品质优，皮白光滑。播后40天即可上市。单根重0.5千克以上。

【栽培要点】 选择沙质壤土栽培，注意肥水管理。生长期注意培土，后期浇水要均匀。江苏省7月中旬至8月中旬播种，直播可采用点播方式。10月下旬至11月采收。施肥以基肥和后期追肥为主。

【种植地区】 南方大部分地区均可种植。

【供种单位】 江苏正大种子有限公司　江苏省如东经济技术开发区　邮编:226400　电话:0513—4128004或4532095

116. 夏长白1号白萝卜

【种　源】 江苏正大种子有限公司选育。

【特征特性】 抗热,高温下不糠心,不黑心,品质优。播后45天即可上市。单根重0.5千克以上。

【栽培要点】 江苏省7月中旬至8月中旬播种,直播可采用点播方式。10月下旬至11月采收。施肥以基肥和后期追肥为主。

【种植地区】 南方大部分地区均可种植。

【供种单位】 江苏正大种子有限公司　江苏省如东经济技术开发区　邮编:226400　电话:0513—4128004或4532095

117. 夏脆萝卜

【种　源】 山西省运城市丰宝种苗有限公司从国外引进的萝卜品种。

【特征特性】 叶簇半直立,肉质根上半部翠绿色,下半部白色,肉质致密,不易糠心。不易抽薹。耐热性好。3～9月均可播种,生长期60天。

【栽培要点】 选择沙质壤土栽培,注意肥水管理。生长前期注意培土,后期适时追肥,浇水要均匀。

【种植地区】 全国各地。

【供种单位】 山西省运城市丰宝种苗有限公司　山西省运城市黄河大道138号　邮编:044000　电话:0359—2125776

118. 夏得萝卜

【种　源】 大连米可多国际种苗公司从国外引进。

【特征特性】 晚抽薹的新品种。根长36厘米,根茎7厘米,皮色光洁,形状优美。叶色中绿,生长势强,抗病性好。

【栽培要点】 一般于4~5月或8~9月播种于畦上,出苗后间苗,畦宽60厘米,株间距30厘米。播种后55天左右即可收获。容易栽培。

【种植地区】 全国各地均可种植。

【供种单位】 大连米可多国际种苗公司 大连市西岗区英华街35号 邮编:116011 电话:0411—3640870

119. 夏富萝卜

【种 源】 大连米可多国际种苗公司从国外引进。

【特征特性】 植株生长旺盛,抗病性强,优质高产。叶片有特别浓绿的条纹,直根较长,50厘米左右,粗细一致、整齐。根皮纯白色。肉质柔软细腻,纤维少,既适合于生食又适合于加工。

【栽培要点】 一般于4~5月或8~9月播种于畦上,出苗后间苗,畦宽60厘米,株间距30厘米。播种后55天左右即可收获。容易栽培。

【种植地区】 全国各地。

【供种单位】 大连米可多国际种苗公司 大连市西岗区英华街35号 邮编:116011 电话:0411—3640870

120. 夏红玉萝卜

【种 源】 武汉九头鸟种业有限公司选育。

【特征特性】 极耐热、极早熟的一代杂交种。花叶,叶色深绿,肉质根为短圆筒形,根长约16厘米,根径约9厘米。单根重0.5~0.75千克。皮浅红色,肉白色,肉质细嫩,不易糠心。

【栽培要点】 南方地区7月中旬至8月中旬播种。直播,前期施好基肥,肉质根膨大期进行两次追肥,浇水要均匀,以免长出畸形根或裂根。生育期 45～60 天。每 667 平方米产量为 2 000～2 500千克。9 月以后开始收获。

【种植地区】 我国南方大部分地区均可种植。

【供种单位】 武汉九头鸟种业有限公司 武汉市武昌区中山路 408 号 邮编:430064 电话:027—88066659

121. 夏季青萝卜

【种 源】 北京世农种苗有限公司选育。

【特征特性】 抗病性强,易栽培,商品性好,产量高。播种 60 天左右可收获。根皮光滑,有光泽,根形美。高温下芯部褐变现象少,根形为秋萝卜形状。平地早秋也可栽培。

【栽培要点】 ①温度低于 15℃,有抽薹危险。②避免在排水不良地块及贫瘠地块栽培。

【种植地区】 全国各地。

【供种单位】 北京世农种苗有限公司 北京市大兴区康庄路口福海大厦二楼 邮编:102600 电话:010—60205688

122. 夏抗 40 天白萝卜(一代交配)

【种 源】 武汉市蔬菜科学研究所选育。

【特征特性】 为耐热白皮萝卜中的极品。在夏季 40℃高温下种植也能正常生长。7 月中旬播种,到采收只需 40 天。根形优美,不糠心,味甜,高产。

【栽培要点】 长江流域 4 月下旬至 9 月上旬均可播种。武汉地区 7 月中旬播种,8 月底至 9 月初即可收获。

【种植地区】 长江流域。

【供种单位】 武汉市蔬菜科学研究所 武汉市武昌张家湾特 1 号 邮编:430065 电话:027—88116330

123. 夏银萝卜

【品种来源】 重庆市种子公司蔬菜种子分公司于2000年选育而成。

【特征特性】 为F1代品种。极早熟。板叶，绿色，主脉淡绿色。植株高40厘米，株幅58厘米左右。肉质根长圆柱形，根长18~25厘米，根粗5~7厘米，出土部分10~13厘米。单根重0.25~0.6千克。肉质根肥嫩，不易糠心。抗热性极强，在40℃高温下可种植。抗病虫能力强。生育期短，商品性好，播种后40天开始采收。

【栽培要点】 重庆市4月下旬至9月中旬均可播种，以地表温度高于25℃为宜。为解决秋淡蔬菜供应，最佳播期应选在7月至8月中旬。可采用点播，每穴7~10粒，株行距22厘米×40厘米。种子发芽后，长出第一片真叶时，每穴留3~4株壮苗；3~4片真叶时第二次间苗，每穴留2株；5~6片真叶时定苗。追肥3~4次，注意防治病虫害。

【种植地区】 适宜全国各地栽培。

【供种单位】 重庆市种子公司蔬菜种子分公司　重庆市南岸区南坪东路二巷12号　邮编：400060

124. 夏跃进萝卜

【种　源】 福州农播王种苗有限公司从日本引进的高品质萝卜品种。

【特征特性】 生长快，耐热，高抗黄萎病、病毒病以及其他病害。夏季至初秋播种，大约55天可以收获。根尖饱满，根呈圆柱形，根长35厘米左右，根径7.7厘米左右。单根重达1.3千克。品质极佳。叶片直立，叶数较少，容易栽培。

【栽培要点】 最适合于中原温暖地区4月下旬至5月和8月

中旬至9月播种。冷凉地区也可以于6～7月播种，8～9月收获。

【种植地区】 各地均可根据当地气候条件适时种植。

【供种单位】 福州农播王种苗有限公司 福建省福州市工业路568号福建留学人员创业园2—209 邮编：350002 电话：0591—3795697

125. 笑头红萝卜

【种 源】 陕西省汉中市汉台区农业技术中心服务部选育。

【特征特性】 枇杷叶形，萝卜短圆柱形，少部分露出地面，呈淡红色，入土部分白色。单根重0.3千克左右。

【栽培要点】 陕南地区11月至翌年2月播种，翌年3～4月收获。株行距33厘米×20厘米，加强肥水管理，及时采收，以免降低商品性。每667平方米产量2000千克左右。

【种植地区】 西北地区。

【供种单位】 陕西省汉中市汉台区农业技术中心服务部 陕西省汉中市康复路17号 邮编：723000 电话：0916—2122896

126. 欣美萝卜

【种 源】 河北省邢台市金日种业有限公司引进的耐低温、商品性好、食味一流的春秋两用型品种。

【特征特性】 根短圆柱形，肉色鲜艳（血红瓤），肉质脆甜，水分多。生长期80天，品质极佳。单根重1千克，抗病性好。适宜砂壤土栽培。适当晚播可提高品质。

【栽培要点】 春播时温度不低于13℃，否则造成抽薹。尽量避免在排水不良地块或贫瘠地块栽培。

【种植地区】 北方大部分地区。

【供种单位】 河北省邢台市金日种业有限公司 邢台市新兴东路205号 邮编：054001 电话：0319—3195171

127. 新田大根萝卜

【种　源】 青岛国际种苗有限公司从国外引进。

【特征特性】 系用于腌渍的萝卜品种。抗黄萎病和病毒病。65～70天成熟。单根重1.2千克。根长50～55厘米,根横径肩部4.5厘米、中心部6厘米。由于该品种具有抽薹迟的特点,主要在夏季播种,也可在春季播种。

【栽培要点】 春播育苗温度应保持在10℃以上。青岛地区一般在3～4月采用地膜或地膜加小拱棚栽培,秋播一般8月中旬播种。

【种植地区】 适合长江流域种植栽培。

【供种单位】 青岛国际种苗有限公司　青岛市李沧区浮山路166号　邮编:266100　电话:0532—7628698或7896704

128. 新玉春白萝卜

【种　源】 广州市伟兴利种子有限公司选育。

【特征特性】 根呈长圆筒形,根皮白色,有光泽,商品性极好。根长约32厘米,根径约8厘米。单根重1千克左右。肉质紧密。耐低温,晚抽薹。叶片直立,叶数少,生育期70天左右。

【栽培要点】 华北地区一般在3月下旬播种,保护地可在3月上中旬播种。其他地区可参考当地气温适时播种。春播时地温较低,可以采用浸种催芽与种后覆盖方式,以保证出苗。施肥以基肥为主,每667平方米施用2 500千克腐熟有机肥。共追肥2次:一次在定苗后,一次在肉质根膨大期。播种到出苗期间应保持土壤湿润,每隔2～3天浇水1次,直至出苗整齐。肉质根膨大期一般每7～10天浇水1次。

【种植地区】 适合北方地区种植,春季保护地、露地均可栽培。夏天可在冷凉地区栽培。

【供种单位】 广州市伟兴利种子有限公司　广州市一德路190号一德花园首层110商铺　邮编：510120　电话：020—83331562

129. 徐州大红袍萝卜

【种　源】 江苏省徐州市地方品种。

【特征特性】 为徐州地方优良品种。叶簇半直立，株高30～40厘米，开展度40～50厘米。直根为长圆锥形；底部钝平，一般长12～25厘米，直径8～10厘米；皮色鲜红，尾部略淡，肉色为白色。单根重0.5～0.75千克。耐贮运，品质好，较抗病。

【栽培要点】 淮海地区8月中旬播种，株行距40厘米×35厘米，10月底至11月下旬收获，生长期80～90天。一般每667平方米产量3500～4000千克。是秋季露地栽培的理想品种。

【种植地区】 主要在华东地区种植，全国其他地区也可种植。

【供种单位】 江苏省徐州市蔬菜研究所　江苏省徐州市东郊黄山垄　邮编：221004　电话：0516—3462392

130. 雪美人樱桃萝卜

【种　源】 北京思地沃农业发展有限公司从国外引进的优良樱桃萝卜品种。

【特征特性】 为特选樱桃萝卜。中熟，成熟期26～28天。近圆球形，皮纯白色，叶丛中高。味适中，耐糠心，适合鲜食。

【栽培要点】 除高温多雨的季节不适应栽培外，其他季节都可以栽培。以施基肥为主，一般不需要追肥，因其生长期短，肉质根小，所以对肥料种类以及数量要求不严格。采用平畦直播，播种方法一般用条播，行距10厘米，株距3厘米，播种深度1.5厘米。春季露地播种时，由于春季寒冷多风，采取播前先浇足底水，播种后覆细土厚2厘米，防止土壤板结，减少水分蒸发，提高土壤温度，以利于种子发芽和幼苗出土。生长期间要注意土壤墒情,保持田间土壤湿润;土壤肥力不足时,可随浇水施入少量氮肥。

【种植地区】 全国各地。

【供种单位】 北京思地沃农业发展有限公司 北京市阜成路42号中裕商务花园18号楼B座一层 邮编:100036 电话:010—88115854

131. 雪玉大根萝卜

【种 源】 哈尔滨市佳禾农业开发有限公司选育。

【特征特性】 早熟,低温弱光下肥大性好。白首,根形美观,长圆筒形,根长38厘米,根径8~9厘米。单根重1.2~1.5千克。侧根少,无曲根,无裂根,无畸形根。抗病,高产。叶片少,可以密植。

【栽培要点】 北方地区一般7月中下旬至8月上旬播种,10月上中旬至11月上旬收获,起垄栽培。定苗后及时中耕培土,生长期间应注意加强肥水管理,生长后期注意防治病虫害。

【种植地区】 西北、东北等地区。

【供种单位】 哈尔滨市佳禾农业开发有限公司 哈尔滨市中山路228号 邮编:150001 电话:0451—2651044

132. 胭脂萝卜

【种 源】 重庆市种子公司蔬菜种子分公司用农家品种选育而成。

【特征特性】 为提纯中熟种。叶簇直立,叶柄和叶肋红色,长倒卵圆形。肉质根红皮红心,近圆纺锤形,耐热,不易糠心。秋播7~9月,夏播3~5月。

【栽培要点】 选沙质壤土种植。施足基肥,播种后注意保湿,以利于出苗。定苗后,注意培土追肥。后期浇水要均匀,并注意防治病虫害。

【种植地区】 长江流域。

【供种单位】 重庆市种子公司蔬菜种子分公司　重庆市南岸区南坪东路二巷12号　邮编:400060　电话:023—62837096

133. 扬花萝卜

【种　源】 用南京市著名地方品种选育而成。

【特征特性】 植株直立。板叶,绿色,叶倒卵形,叶面附有白色茸毛。叶柄淡紫色、半圆形,肉质根小型。圆形或扁形,尾部锐尖,纵径2.5厘米,横径2.3~3.5厘米,皮鲜红色,肉白色,收获时有5~7片叶。单根重0.015~0.02千克。早熟,抗病,汁多味稍辣,不易糠心,生食、熟食皆宜。生长期60~70天。

【栽培要点】 ①整地施基肥。一般在早春播种,当时气温较低,宜选择背风向阳的地方栽培。土质以砂壤土较好,通常利用冬闲地栽培。要冬耕冻垡,播种前每667平方米施用灰杂肥或黄粪2000千克做基肥,而后再耕1次,耙平耙透,做成深沟高畦。②播种,采用撒播方式。大田播种每667平方米用种量为1.5~2千克。③田间管理。播种后施盖籽肥,齐苗及破心后各追施1次粪水;每次间拔、收获后均需追肥1次。土湿时不宜追肥。齐苗后间苗,距离保持3厘米见方,以后陆续间拔上市。迟播的用种量少,可不用间苗。萝卜长到黄豆大小时,用小刮铲松土1次,刮后要追施1次轻粪水。大棚或小棚覆盖栽培的播种后用地膜贴地覆盖,并且加强棚温管理。出苗后注意通风降温,防窜苗。④分批收获。每667平方米产量1000千克左右。

【种植地区】 适宜华东地区种植。

【供种单位】 南京理想种苗有限公司　南京市太平门岗子村60—8号　邮编:210042　电话:025—5429992

134. 一点红萝卜

【种　源】 杭州市蔬菜科学研究所从地方品种经选育、提纯复壮而成。

【特征特性】 早熟，生长期 60 天左右。植株紧凑，肉质根纺锤形，长 12～15 厘米，横径 5～7 厘米，2/5 露出地面。地上部分紫红色，入土部分白色，肉白色。单根重 0.15～0.25 千克。适应性广，抗病性强。肉质紧密，品质优。

【栽培要点】 浙江省 8 月上中旬播种，可撒播或条播。早间苗，晚定苗。加强肥水管理，10 月上旬开始采收。

【种植地区】 江浙一带。

【供种单位】 杭州市蔬菜科学研究所　杭州市机场路一巷 37 号　邮编：310004　电话：0571—86407025

135. 缨红萝卜

【种　源】 杭州市郊农家品种，又名洋红萝卜。

【特征特性】 叶直立，株高 35 厘米左右，单株有叶 12～14 片，叶深绿，上有 7～8 对裂叶，叶柄淡红色。肉质根近圆球形，长 8 厘米，横径 7 厘米。单根重 0.11～0.25 千克，顶部有细颈，根部全入土，表皮红色，肉白色，汁多味甜，极脆嫩，最宜生食。晚熟，生长期 110 天左右。耐寒，长江以南地区可在土中过冬。不易空心，收获期长。

【栽培要点】 播种期为 9 月末～10 月上旬，每 667 平方米用种量 1～1.5 千克。撒播，间苗，定苗，行株距 25 厘米×15 厘米，收获期 12 月下旬至翌年 2 月下旬。施肥要施足底肥，以有机肥为主。

【种植地区】 华东地区。

【供种单位】 杭州市种子公司　杭州市凤起东路 81 号　邮

编:310020

136. 樱桃萝卜—罗塔(Rota)

【种　源】 北京玉合种子有限公司选育。

【特征特性】 适于春季拱棚、露地及早秋种植。极早熟,生育期20~25天。叶簇直立,植株矮小,叶片开展度中等。肉质根圆形,外皮鲜红、光亮,肉白色,抗裂根,品质佳。耐霜霉病。

【栽培要点】 樱桃萝卜除高温多雨的季节不适宜栽培外,其他季节都可以栽培。以施基肥为主,一般不需要追肥,因其生长期短,肉质根小,所以对肥料种类以及数量要求不严格。采用平畦直播,播种方法一般用条播,行距10厘米厚,株距3厘米,播种深度1.5厘米。春季露地播种时,由于春季寒冷多风,因此播前应先浇足底水,播种后覆细土厚2厘米,防止土壤板结,减少水分蒸发,提高土壤温度,以利于种子发芽和幼苗出土。在樱桃萝卜生长期间,要注意土壤墒情,保持田间土壤湿润,土壤肥力不足时,可随浇水施入少量氮肥。樱桃萝卜肉质根直径达到2厘米时,即开始陆续收获。

【种植地区】 全国各地均可种植。

【供种单位】 北京玉合种子有限公司　北京市朝阳区六里屯1号楼0208室　邮编:100026

137. 樱桃萝卜

【种　源】 由荷兰瑞克斯旺(青岛)有限公司育成。

【特征特性】 适合于春夏和早秋栽培。耐热,耐抽薹,耐空心。

栽培要点、种植地区同樱桃萝卜—罗塔(Rota)。

【供种单位】 荷兰瑞克斯旺(青岛)有限公司　青岛市盐城路38号202室　邮编:266071

138. 樱桃小萝卜—美女

【种　源】 由哈尔滨佳禾农业开发有限公司引进。

【特征特性】 生长快，生育期 25～30 天。根径 3～5 厘米，肉质白色，根皮外表红色，地上部分叶少。口味甜脆。耐抽薹。整齐度好。抗病高产。属于淡季特菜品种。

栽培要点、种植地区同樱桃萝卜—罗塔(Rota)。

【供种单位】 哈尔滨佳禾农业开发有限公司　哈尔滨市中山路 228 号　邮编：150001　电话：0451—2651044

139. 樱珠萝卜

【种　源】 由青岛市农业科学研究所新技术开发中心育成。

【特征特性】 品质细嫩。生长迅速。肉质根直径 2～2.5 厘米。单根重 0.015～0.02 克。

栽培要点、种植地区同樱桃萝卜—罗塔(Rota)。

【供种单位】 青岛市农业科学研究所新技术开发中心　青岛市李沧区浮山路 198 号　邮编：266100　电话：0532—7899084 或 7622400

140. 玉蛟龙萝卜

【种　源】 由山东省寿光先正达种子有限公司育成。

【特征特性】 属杂交一代春萝卜。生长期 60～65 天，萝卜膨大速度快。耐低温，抗抽薹，抗逆性强，易栽培。肉质根纯白，长圆柱形，极少畸形根和裂根。根长 32～35 厘米，直径 7～8 厘米。单根重 0.8～1.2 千克。肉质白，极少糠心，品质优秀。

【栽培要点】 华北地区在 3 月下旬播种，保护地可在 3 月上中旬播种。其他地区可参考当地气温适时播种。春播地温较低，可以采用浸种催芽与种后覆盖方式，以保证出苗。施肥以基肥为主，每667平方米施用2 500千克腐熟有机肥。追肥2次：一次在定苗后，一次在肉质根膨大期。播种到出苗期间应保持土壤湿润，每隔2～3天浇水1次，直至出苗整齐。肉质根膨大期一般每7～10天浇水1次。

【供种单位】 寿光先正达种子有限公司　山东省寿光市稻田镇　邮编：262706　电话：0536—5058698

141. 玉园春萝卜

【种　源】 由江苏正大种子有限公司选育。

【特征特性】 属杂交一代种。耐抽薹，抗逆性强，生长速度快。根形美。宜作早春栽培。单根重1千克左右。

【栽培要点】 选土壤疏松、土层深厚的田地深耕后高畦栽培。底肥要足，合理增施有机肥。

【种植地区】 全国各地。

【供种单位】 江苏正大种子有限公司　江苏省如东经济技术开发区　邮编：226400　电话：0513—4128004或4532095

142. 圆白萝卜

【种　源】 由南京理想种苗有限公司选育。

【特征特性】 早中熟种。叶簇半直立，叶片绿色，羽状深裂。肉质根近圆球形，皮肉皆白色。单根重0.2千克左右。多汁，味甜，微辣，品质佳，不易糠心。抗寒力强。耐贮运。每667平方米产量3 000千克以上。

【栽培要点】 可条播或撒播。撒播的要间苗定苗。行株距18厘米见方。注意肥水管理。

【种植地区】 江苏省大部分地区及邻近相关地区。

【供种单位】 南京理想种苗有限公司　南京市太平门岗子村60—8号　邮编：210042　电话：025—5429992

143. 早春美浓萝卜

【种　源】 由山东省寿光先正达种子有限公司育成。

【特征特性】 属杂交一代春萝卜。春播60~65天收获,是鲜食和加工的优选品种。抗病、耐抽薹。肉质根细长,纯白,须根少,不易糠心,商品性极佳。肉质根长45~60厘米,直径6.5~7厘米。单根重1~2千克。

【栽培要点】 前茬作物收获后,及时深耕40厘米,晒垡,每667平方米施足腐熟有机肥3 000~4 000千克,施肥要均匀,土壤要耙细。

【种植地区】 华北地区。

【供种单位】 寿光先正达种子有限公司　山东省寿光市稻田镇　邮编:262706　电话:0536—5058698

144. 浙大长萝卜

【种　源】 1949年浙江农学院吴耕民和沈德绪在杭州市古荡镇农家选得,以后选育成浙大长萝卜。

【特征特性】 植株高大,叶丛较直立。株高60厘米,叶片长倒卵形,裂叶。肉质根长圆筒形,长45~65厘米,横径7~9厘米。单根重1.8~2千克。皮和肉均为白色,表皮光滑,侧根少,肉质根1/2露出土表。属晚熟种,生长期90天。耐肥,耐热。品质较好,适宜煮食和加工腌制,

【栽培要点】 播种期为8月中下旬。每667平方米播种量为0.75~1千克。条播,行株距为50厘米×25厘米,收获期为11月中下旬。栽培中注意及时间苗、定苗,土层要求深耕,肥水要充足,以利于肉质根的生长与膨大。

【种植地区】 全国各地。

【供种单位】 杭州市蔬菜科学研究所　杭州市机场路一巷

37号 邮编:310004 电话:0571—86407025

145. 真冬跃进萝卜

【种　源】 福州农播王种苗有限公司从日本引进的高品质萝卜品种。

【特征特性】 属青首大根类型。耐寒性强,高抗黄萎病、病毒病。皮色洁白有光泽,不易糠心,肉质佳。单根重1.2千克。根长37厘米,根径7厘米,整齐一致。

【栽培要点】 中原地区一般9月上旬播种,11月收获。长江以南地区9月中下旬播种,12月至翌年1月收获。

【种植地区】 各地可根据当地气候条件适时种植。

【供种单位】 福州农播王种苗有限公司 福建省福州市工业路568号福建留学人员创业园2—209 邮编:350002 电话:0591—3795697

146. 真味小型萝卜

【种　源】 由寿光先正达种子有限公司育成。

【特征特性】 为早熟杂交一代小型萝卜品种。外观美丽,食味佳,根及叶均可食用。秋季播种后40天可收获。根长10~15厘米,直径4~6厘米。根及叶都可做腌渍原料,口感脆。

【栽培要点】 该品种比较容易栽培,可根据当地气候条件及栽培方式种植。

【种植地区】 全国各地。

【供种单位】 寿光先正达种子有限公司 山东省寿光市稻田镇 邮编:262706 电话:0536—5058698

147. 中秋红萝卜

【种　源】 南京市地方品种。

【特征特性】 植株中等直立,花叶,有功能叶14片左右。肉质根短圆柱形,长约20厘米,横径约8厘米。单根重0.5千克左右。皮鲜红,肉白色。生长期70~80天。耐热,抗病毒能力强。每667平方米产量1500~2000千克。

【栽培要点】 南京市以春播为主,于3月中下旬撒播,定苗时行株距20厘米×15厘米。5月下旬到6月上旬收获。秋季于8月上旬播种,10月上旬收获。

【种植地区】 主要在华东地区种植。

【供种单位】 南京理想种苗有限公司 南京市太平门岗子村60—8号 邮编:210042 电话:025—5429992

148. 紫蝶樱桃萝卜

【种 源】 北京思地沃农业发展有限公司从国外引进的优良萝卜品种。

【特征特性】 属特色樱桃萝卜种。中熟,成熟期25~28天。表皮紫红色,圆球形,叶丛高。耐糠心。肉嫩脆,汁适中。适合鲜食。

栽培要点、种植地区同樱桃萝卜—罗塔(Rota)。

【供种单位】 北京思地沃农业发展有限公司 北京市阜成路42号中裕商务花园18号楼B座一层 邮编:100036 电话:010—88115854

149. 渍得萝卜

【种 源】 大连米可多国际种苗公司从国外引进的萝卜品种。

【特征特性】 对黄萎病抗性强,属比较容易收获的加工用萝卜。头部中细,尾部肥大性也很好。表皮纯白美观,肉质致密,不易糠心。叶色浓绿半直立性,植株生长势强。

【栽培要点】 选土壤疏松、土层深厚的田地深耕后栽培，底肥要足，合理增施有机肥。栽培过程中应注意病虫害防治，水肥管理要前控后促。

【种植地区】 全国各地均可种植。

【供种单位】 大连米可多国际种苗公司 大连市西岗区英华街35号 邮编：116011 电话：0411—3640870

150. 渍上手萝卜

【种 源】 大连米可多国际种苗公司从国外引进的萝卜品种。

【特征特性】 对病毒病和软腐病有很强的耐病性。属非常容易拔出的腌渍用萝卜。头部中细，肥大性至尾部为止仍然很好。须根很细，不发生裂根和空洞。糠心极晚。小叶浓绿色，直立性，紧凑，可以密植。

【栽培要点】 选土壤疏松、土层深厚的田地深耕后栽培，底肥要足，合理增施有机肥。栽培过程中应注意病虫害防治，水肥管理要前控后促。

【种植地区】 全国各地均可种植。

【供种单位】 大连米可多国际种苗公司 大连市西岗区英华街35号 邮编：116011 电话：0411—3640870

151. 白粉团萝卜

【种 源】 为提纯种。

【特征特性】 早中熟品种。耐热。枇杷叶绿色，肉质根扁圆球形，皮肉白色，质地细嫩。汁多味甜，化渣。单根重0.5～1千克。每667平方米产量4500千克左右。

【栽培要点】 8月中旬至9月上旬播种，11月至翌年1月收获。每667平方米栽植5600株左右。

【适宜地区】 重庆市及相邻地区种植。

【供种单位】 重庆市种子公司蔬菜种子分公司 重庆市南岸区南坪东路二巷12号 邮编:400060

152. 德高大青青萝卜

【种 源】 山东省德高地方品种选育而成。

【特征特性】 生长健壮。叶色绿,羽状裂叶。肉质根圆柱形,长28厘米,横径8~9厘米,肉质浅绿色、致密,辣味淡。耐贮运,不糠心。平均单根重1.8千克左右。

【栽培要点】 山东省7月下旬播种,多起垄栽培或平畦栽培。选土壤疏松、土层深厚的田地深耕后栽培,底肥要足,合理增施有机肥。栽培过程中应注意病虫害防治,水肥管理以前控后促为主。10月下旬至11月上旬均可收获。适宜行株距50厘米×40厘米。

【种植地区】 华北地区均可栽培。

【供种单位】 德高蔬菜种苗研究所 山东省德州市德兴北路12号 邮编:253015

153. 德日2号

【种 源】 德日2号是邯郸市蔬菜研究所1988年从河南省许昌市作物品种资源研究所引进,经提纯复壮和系统选育而成的青头萝卜新品种。2002年2月通过河北省农作物品种审定委员会审定。

【特征特性】 德日2号属秋冬型中熟萝卜品种。叶簇较直立,花叶、绿色。肉质根长圆柱形,长50~60厘米,横径10~15厘米,约1/2露出土面,出土部分浅黄绿色,入土部分白色。根头部小,表面光滑,侧根细小,色泽鲜亮。肉质白色。单根重3千克左右,最大可达5千克以上。该品种生育期90天左右。耐热性强。抗病毒病、软腐病、黑腐病和霜霉病。适应性强,砂壤土、壤土均可栽培。肉质根品质脆嫩,汁多味甜,适宜鲜食、炒食和腌渍。不易糠心,耐贮存,采收后埋藏4个月以上不腐烂,不黑心。

德日2号是一个丰产型萝卜品种,增产潜力很大。一般大田每667平方米产量6000千克左右,高产田可达10000千克以上。

【栽培要点】 冀南地区一般7月下旬至8月上旬采用高垄穴播,其他各地可按当地传统适时进行。播种前施足基肥,以充分腐熟的有机肥为主。每667平方米加过磷酸钙50千克、氯化钾10～15千克。垄距50厘米,穴距40厘米。两水齐苗。每667平方米定苗密度3300～3400株。肉质根生长盛期,加强水肥管理。生长前期重点防治蚜虫、菜螟和小地老虎。一般10月下旬至11月上旬采收上市。

【种植地区】 适宜长江以北各地种植。

【供种单位】 河北省邯郸市蔬菜研究所 邮编:056001

154. 富源1号

【种　源】 夏萝卜新品种富源1号是河北省邯郸市蔬菜研究所以青头萝卜雄性不育系10A为母本,以日本夏萝卜F1中筛选的高代自交系日96-6-1—3-1为父本配制而成的夏萝卜一代杂种。

【特征特性】 叶簇半直立,叶绿色,花叶深裂,有功能叶20～22片。肉质根长圆筒形,长38厘米,横径6厘米,顺直,地上部微带绿色,1/2入土,白色,表皮光滑,细腻,肉质白色,脆嫩味甜,品质上乘。具有早熟、抗热、抗病、高产、根美、品质好等多项突出优点,适宜鲜食和加工。平均单根重0.7千克。最大的重达1000克。

早熟,生育期50天。极抗热,植株生长势旺,在38℃高温下能正常生长。高抗病,1999～2000年在当地连续两年品种比较试验,病毒病和黑腐病发病率均为零,而对照夏抗40天,病毒病发病率高达73%。高产高效,大田生产每667平方米产量2 600千克,高产的可达3 000千克,比对照夏抗40天增产40%。7月上旬播种,8月下旬上市,正是市场萝卜空缺时,价位高,效益好。

【栽培要点】 冀南地区7月上旬采用高垄穴播,垄距50厘米,穴距35厘米,每穴播种3~5粒,播深1.5厘米。其他各地可根据气候条件先引种试种后再大面积推广。栽培土质以大砂壤土为最好。间定苗要及时,每穴留苗1株。基肥施足有机肥和磷、钾肥,蹲苗结束后追施氮肥,水肥齐攻,一促到底,及时防治蚜虫、菜螟和小地老虎。

【种植地区】 全国各地。

【供种单位】 河北省邯郸市蔬菜研究所 邮编:056001

155. 高密堤东

【种 源】 高密堤东萝卜是山东省高密市的一个优良地方品种。山东省农科院蔬菜研究所对其进行了多年的提纯复壮,其商品性状及抗病性、产量等方面均有很大提高。

【特征特性】 小型绿萝卜品种。叶片为花叶,浓绿,平展下垂。叶片短小,长15厘米左右,每株约有5~6片功能叶。心叶及功能叶的基部为紫色,其余为绿色。肉质根为长圆柱形,充分膨大后腰部稍细,尾部圆整,长约15厘米,横径4厘米左右。单根重约0.25千克。根部约3/4露出地面,露土部分为翠绿色,入土部分玉白色,皮光滑。肉质致密,翠绿色,脆甜,微辣。早熟,生长期为60天左右。每667平方米产量1 500~2 000千克。

【栽培要点】 ①播种期。在山东省及黄河以北地区一般做秋季栽培。因其生长期短,根据栽培目的不同,可灵活安排播种期。若是为提早供应市场,7月底播种,9月底即可收获。若是为制作萝卜干或做冬贮菜,则不宜播种过早。播种过早,苗期温度较高,易感染病毒病,且虫害严重,不易管理,品质也会下降。播种期不宜晚于处暑，播种过晚，后期气温低，会影响肉质根的膨大，造成减产。②栽培方式。若以制作萝卜干为目的，平畦栽培最适宜。平畦栽培一定要选用排水良好、土层疏松的砂壤土，否则易造成土壤板结，肉质根在生长过程中排水和透气性均不好，易烂根或肉质根扎到土壤中困难，从而影响肉质根的正常生长，且品质下降。起垄栽培有利于排水和透气，同时增加土层厚度，使土壤疏松而有利于肉质根的发育。在排水稍差的地区种萝卜，必须起垄栽培。与平畦栽培相比，垄栽产量虽然略低，但肉质根膨大速度大于平畦栽培，商品性状明显好于平畦栽培。垄栽适宜的土壤范围比平畦栽培稍宽，但仍以排水良好、土层疏松的土壤为好。栽培密度：一般行距60~65厘米，垄高10厘米，一垄播两行，株距15厘米。垄不宜过高过宽，因高密堤东莲座叶丛小，太稀时叶片覆盖不住地面，水分蒸发快，易因缺水而影响肉质根的发育或造成糠心，也易感染病毒病。③管理要点：及时间苗能保证幼苗有一定的营养面积，对获得壮苗有很大作用。及时浇水，发芽期一定要保持土面湿润，才能保证发芽迅速、出苗整齐。叶片生长旺盛期时，一般萝卜品种此期都要进行蹲苗。但高密堤东叶片本身生长势较弱，若蹲苗不当，不仅会影响叶片的生长，而且会妨碍肉质根的生长，后期可能会加重病毒病，因此不提倡蹲苗。播种前每667平方米施腐熟有机肥4000~6000千克，若同时使用草木灰300千克做底肥，可使幼苗生长健壮、肉质根发育良好。适当追施一定数量的氮磷钾复合肥，有利于提高萝卜的糖分和维生素C的含量，改善食用风味。一般可在定苗后每667平方米追施氮磷钾复合肥10~15千克；在萝卜肉质根膨大后期，每667平方米再追施氮磷钾复合肥25千克左右，追施后培垄、浇水。一般在播后60天即可收获，最迟不宜超过65天，否则易糠心。高密堤东膨大的标志是尾部圆起来，与头尾相比，腰部略细。

【种植地区】 适宜山东省及黄河以北地区种植，其他地区可根据当地气候条件种植。

【供种单位】 山东省农科院蔬菜研究所 邮编:250100

156. 葛沽水萝卜

【种 源】 为天津市津南区的传统萝卜品种。经天津市津南种子公司提纯复壮、系统选育而成。

【特征特性】 植株生长势较强,叶长30厘米,叶宽8~10厘米,叶形为深裂刻羽状叶,叶片绿色茸毛较密,叶缘不规则,齿状。基生叶为10~12片,叶柄淡绿,肉质根圆筒形,长20厘米,横径为7厘米。单根重0.5~0.6千克,根部4/5露出地面,侧根少,表皮光滑,呈淡绿色,尾端是玉白色。品质好、肉质致密,翠绿色,脆甜多汁。肉质根耐贮藏而不糠心,为优质生食水果型萝卜。生长期为75天,每667平方米产量3000~4000千克。

【栽培要点】 ①以土层深厚、排水良好、比较肥沃的土壤为宜。及早深翻充分晒垡,捡出地中大的石粒瓦块,并一次施足基肥。每667平方米需农家肥3500千克。复合肥30千克。肥料施入后要深翻,精细整地达到疏松状态。津南地区一般平畦种植,畦面平整后即可播种。②适时播种,合理密植。天津市最适宜的播种期为8月10~14日。播种过早,病虫害发生严重;播种过晚,肉质根不能充分膨大,品质差。播种前先打底水1次,使土壤含水量在80%以上,平畦划沟条播,沟深1.5厘米。每667平方米播种量为0.5~0.8千克,行距为35厘米。播种后覆土稍加镇压,播种后至出苗期如遇大雨,在雨过天晴后,及时浇水,防止土壤板结而使幼苗顶不出土。③田间管理。播种后4~5天查苗1次,发现缺苗断垄,应立即补种,以保证全苗。及时间苗,使幼苗有一定的营养面积。间苗应掌握"早间苗,分次间苗,适时定苗"的原则。实践证明,以3次间苗为好:第一次间苗在子叶充分展开露心时进行,苗距3厘米左右;第二次间苗在2~3片真叶时进行,苗距7~10厘米左右;第三次在真叶4~5片时,定棵株距为25厘米左右。定苗后应及时追肥,适当中耕,蹲苗。调节地上部分与地下部分的平衡生长。肉质根膨大期要保证水分的充分供应,保持土壤湿润,防止土壤忽干忽湿而导致须根增多,肉质粗糙。④病害防治。葛沽水萝卜病害很少,虫害一般有蚜虫、小菜蛾、菜青虫等,可用50%辛硫磷乳油1000倍液,48%乐斯本乳油1000倍液等喷施;病害一般是病毒病和萝卜软腐病,可用农用链霉素、病毒A等防治。⑤一般在10月20日(霜降)后采收,采收后可埋藏在低温高湿的土坑中,可一直贮藏到春节上市,风味更佳。

【种植地区】 全国各地。

【供种单位】 天津市津南区种子公司 邮编:300350

157. 六合红萝卜

【种 源】 系江苏省南京市六合县农业技术人员由当地农家品种选育出的优良品种。2000年该品种的选育获南京市政府科技进步奖。

【特征特性】 该品种具有适应性强、产量高、品质好等特点,其外形美观,色泽鲜红,味甜皮薄,肉汁多,深受生产者和消费者喜爱。叶簇半直立,株高约48厘米,开展度51厘米。花叶,叶片深绿色,心叶浅绿色,叶缘深裂,裂片4.5对。叶片微皱,叶长39厘米,宽17厘米,叶柄紫红色,半圆形,长12.3厘米,宽1.5厘米,厚0.8厘米,单株收获叶片18片。肉质根卵圆形,尾钝尖,露出土面约1/3,皮红色,根痕少而浅,较光滑,厚0.23厘米,肉白色,纵径12.1厘米。单根重0.5~1千克,最大的重4.1千克。肉脆,味甜,微辣,不易糠心,无苦味。耐贮运。抗病毒病和黑腐病。每667平方米产量3500~5000千克。

【栽培要点】 ①选地培肥。选用土质疏松、排水良好的壤土,深耕晒垡,每667平方米施厩肥3000~4000千克,整地做畦,畦高

20厘米。②适期播种。南京地区早秋栽培于7月上中旬播种，秋冬栽培于8月上中旬播种。每667平方米用种量0.3千克左右，行株距为30厘米×30厘米，每穴播籽3～4粒。③苗期管理。苗期小水勤浇。当幼苗具有4～5片真叶时定苗，每667平方米留苗6000株。④肥水管理。生长期间及时中耕、除草，定植后及封垄前各追肥1次。每667平方米共施尿素45千克、磷酸二氢钾15千克。在肉质根膨大期，每5～7天浇1次水，露肩期保持土壤湿润。⑤病虫害防治。生长前期注意防治黄曲条跳甲、蚜虫、地老虎、甜菜夜蛾等害虫。⑥及时采收。早秋播一般播种后70天可以上市，采收至翌年1月结束。

【种植地区】 适宜长江中下游地区做早秋萝卜栽培。目前，已在江苏、安徽等地示范推广。

【供种单位】 江苏省南京市六合县农业局 邮编：211500

158. 热抗48夏萝卜

【种 源】 系安徽省望江县经济作物技术研究所培育成功的耐高温、品质优、生育期短、产量高的夏萝卜新品种。

【特性特征】 叶片直立，株高40厘米，开展度55厘米。板叶，无毛，绿色，叶数15～16片。肉质根长，呈圆柱形，长28厘米左右，粗5.5厘米左右，入土1/2，皮色白，光泽好，个体大小一致，非常美观。抗热、抗病性强，生长适宜温度为20℃～30℃，高温条件下栽培不糠心不黑心。品质超群，纤维少，口感极好，无辛辣味。播种后45天左右即可上市。单根重0.5～0.8千克。每667平方米可产鲜萝卜4000～5000千克。上市时正值8～9月蔬菜供应淡季。

【栽培要点】 多次翻耕，深耕细耙，使土壤充分细碎，无大的土块。结合整地，每667平方米施农家肥2000千克、优质复合肥30～40千克，筑成宽1米的畦，一般畦高20厘米左右，沟宽35～40

厘米。采用高畦深沟种植。栽培上应注意抓好以下3点：

一是适时播种。该品种是夏、早秋专用品种，播种过早或过晚都易抽薹，一般在6月底至9月初播种为宜。采用穴播，行株距以30厘米×25厘米为宜。播前每穴浇足底水，每穴播种2~3粒，每667平方米用种量为0.15~0.2千克。种子要均匀散开，以免出苗拥挤，盖土厚度2厘米左右。因播种正值高温季节，最好在畦面上用稻、麦秸秆覆盖，以免水分蒸发和暴雨冲打，确保出苗整齐。

二是科学管理。要及时间苗，一般在有2~3片真叶时间苗，“大破肚”时定苗。合理浇水，发芽期要充分浇水，保证出苗快而整齐。幼苗期需水少，要少浇水，以便蹲苗，可抑制浅根生长，而使直根深入土层。叶片生长盛期，根部逐渐肥大，需水渐多，此时根部生长旺盛，应均匀供水，要做到地不干不浇，地发白才浇。根部生长后期，仍应适当浇水，但要避免在夏季温度高的中午浇水，最好是傍晚浇水，可降低地温，并有利于叶中养分向根部输送。追肥视生长情况而定，原则是以“基肥为主，追肥为辅”，追肥应结合浇水进行，以利于根的吸收。

三是中耕防虫。夏季炎热，雨水多，杂草易发生，须勤中耕除草，到生长中后期须经常摘除老叶，以利于通风透光。虫害主要有蚜虫、菜青虫、小菜蛾等，可分别用抑太保、Bt等高效低毒农药进行防治。

【种植地区】 适宜华东地区种植。

【供种单位】 安徽省望江县经济作物技术研究所 邮编：246200

159. 热杂60

【种 源】 重庆市万州区农业局以萝卜雄性不育系1225A为母本，以60早90-4-8-3-13为父本配制而成。

【特征特性】 植株半直立，生长势强，整齐一致，株高36~42

厘米,开展度60~64厘米。板叶型,叶色深绿,叶片数23.6~27.5片。肉质根近圆形,皮肉白色,肉质根单根重1千克以上,不易糠心和裂口。净菜率61%。海拔600米以下的地区7月底至8月初播种,经60~65天采收。海拔600~900米的地区7月上中旬播种,经50~55天采收。每667平方米产量2500千克左右,最高可达6000千克。耐热、抗病能力强,在炎热的气候条件下基本不发生病毒病,肉质根能正常膨大。

【栽培要点】 为节约种子,最好采取营养钵育苗移栽,种植密度为每667平方米4500~5000株。播种后25天左右定苗,每窝留1株。重施底肥,每667平方米用30千克过磷酸钙、20千克草木灰、1000千克猪粪于播种前5天施于窝底,并与窝底土壤混匀后播种或定植。适时追肥,定苗后用淡粪水加尿素15~20千克追肥1次,播种后40天看苗酌情追肥。干旱期间,注意浇水抗旱。整个生长期注意防治虫害。

【种植地区】 长江流域。

【供种单位】 重庆市万州区农业局 重庆市万州区白岩路64号 邮编:404000

160. 沈青1号

【种　源】 沈阳市农科院蔬菜种子公司选育。

【特征特性】 系采用雄性不育系选配而成的新一代杂交种。具有丰产、抗病等优点。植株生长势较强,羽状裂叶,叶色深绿,叶丛半直立。肉质根圆筒形,根长25~30厘米,横径8厘米左右,皮深绿色,大约3/4露出地面,入土部分皮白色,表皮光滑。肉质淡绿,生食脆甜稍辣,适合于生食、熟食、腌渍或者制干。品质好,耐贮藏。较抗病毒病、霜霉病及黑腐病等病害。生育期85天左右。单根重1~1.5千克。一般比对照品种翘头青增产20%左右。每667平方米产量约5000千克。

【栽培要点】 适合于秋播。辽宁省一般于7月中下旬播种，10月上中旬收获。每667平方米用种量0.35千克左右，直播，每667平方米定苗5000株左右。

【种植地区】 华北地区。

【供种单位】 沈阳市农科院蔬菜种子公司 沈阳市黄河北大街96号 邮编:110034

161. 三月萝卜

【种 源】 系从云南省地方品种选育而成。

【特征特性】 栽种年代久远。根长圆筒形，产量高，质量优，最受菜农和消费者欢迎。因其两端略细，形似象腿，故又名象腿萝卜。根头部略小而有光泽，根颈部占主长的1/5～1/4，多露出土面，均呈淡绿色。真根部较长，多生在土中，皮肉均为白色。叶片较少且狭窄，到收获时一般只有15片叶左右。叶长30～35厘米，宽8～10厘米，叶缘微波状，叶面绿色，略有光泽。叶脉及主脉的正面为紫红色，叶柄背面为绿色，具有蜡粉。可适当密植。通过阶段发育后，由顶芽抽出一个主花茎，再由腋芽抽出侧枝。总状花序，花白色或紫色。种子红褐色，扁圆，较瘦瘪。

有夜潮特性的砂壤土最适于三月萝卜的生长。对土壤湿度和空气湿度的要求较高。三月萝卜要求有充足的光照，如得不到充足的阳光，其产量和品质均将降低。

【栽培要点】 ①选灌溉方便的土地，深耕晒垡，使土壤充分风化，提高土壤肥力，通气透热，为肉质根生长创造良好的土壤环境。一般在整地前普施腐熟的农家肥3000～5000千克，随同整地翻入土中。要细致整地，不能有土块架空。② 打穴播种。三月萝卜虽然一年四季都可栽培，但主要在11月至翌年1月播种。按照30厘米的行株距先打浅穴，播种早的叶簇生得较旺，应该比迟播的适当稀植。每穴播种子4～5粒，覆盖一指厚的土，再用细碎的农家肥盖上，最后浇1次透水。③分次间苗。播后两次浇透水，经8～9天后即可出苗。出苗后要分次间苗，间苗次数取决于播种量和当时的病虫情况，即播种量大或病虫害严重的，应增加间苗次数，以保证全苗。一般间苗2～3次，苗高8～10厘米时定苗。④其他管理及收获。定苗后浅中耕1次。当直根粗大如笔杆时深中耕1次，使土壤疏松、透气和增热。当直根粗大如手指时，在株行间挖穴浇灌较浓的粪水。此后要经常保持土壤湿润。当外叶枯黄，根头部发生细小裂纹，浇水后根周围土面不再裂开时，应及时收获。

【种植地区】 云南省及气候条件相似地区。

【供种单位】 云南农业大学园艺系 昆明市北郊黑龙潭 邮编：650201 电话：0871—5227701

162. 太湖早萝卜

【种　源】 系苏州市蔬菜研究所将苏州优良地方品种太湖萝卜自交分离，定向选择，经多年培育而成。

【特征特性】 植株长势强，叶簇半直立，叶色绿，花叶小叶9对，叶脉淡绿。成株开展度45厘米×40厘米。株高48厘米。叶长42厘米，叶宽16厘米。肉质根稍露地面，洁白，无绿肩，肉质白嫩、细腻、微甜。根长30厘米，横径6～8厘米，长圆柱形。皮肉均白色，单根重0.8～1千克。生育期55天左右。每667平方米产量3000千克左右。

【栽培要点】 ①播前准备。选排灌方便、耕作层深厚、富含有机质的砂壤土种植。施肥以基肥为主，每667平方米施腐熟厩肥3000千克，氮磷钾三元复合肥25千克，硫酸钾5千克。采用深沟高畦的方式栽培，畦上活土层为25～30厘米。②适时播种。江南地区一般在8月上旬至10月上旬均可播种，点播，株距18厘米，行距25厘米，每穴播种4～5粒，盖土厚0.5厘米，浇足水以利于出苗。覆盖地膜的要及时揭膜，以防止徒长。③田间管理。齐苗后及时进行第一次间苗，每穴留苗2株，待有3～4片真叶时，将病弱杂株拔除，每穴留苗1株，追肥1次，注意清沟排渍，保持土壤潮湿疏松。在生育期间，防治蚜虫、黄曲条跳甲等害虫的为害。④收获。一般在播种后50天就可分批采收，根据市场行情采收上市。但采收不能太晚，否则萝卜易糠心和木质化，影响品质和产量。

【种植地区】 全国各地。

【供种单位】 江苏省苏州市蔬菜种子公司 邮编：215002 电话：0512—5351411

163. 优白1号春萝卜

【种 源】 系江苏省农科院蔬菜研究所“九五”期间选育的白皮白肉的萝卜优良一代杂种，于4～5月根菜类春淡期间供应市场。

【特征特性】 该品种具有早熟、品质优。商品性好、耐寒、不易糠心等特点。叶丛半直立，花叶型，叶片少而短，叶色浓绿，可适当密植栽培。植株生长势较强，较早熟，播种后55～65天即可上市。商品根直筒形，长25～35厘米，横径4～6厘米，尾部较上部略细，白皮白肉，根皮光滑，肉质较脆，水分含量高，鲜嫩，口感好，皮薄。单根重0.5～1千克，春季不易抽薹和糠心，歧根少。每667平方米产量可达5000～6000千克。成熟期整齐一致，大小适中，商品性好。耐贮运。

【栽培要点】 ①茬口选择，整地施肥。前茬以豆类、茄果类和瓜类蔬菜为宜，避免与十字花科作物重茬。地块应选择土层深厚，耕作层深达30～35厘米，无硬性介质如砖块、石块等，地下水位较低、肥力好、能灌能排、透气性好的壤土或砂壤土。前茬作物收获后，及时深耕40厘米，晒垡，每667平方米施足腐熟的有机肥3000～4000千克，施肥要均匀，土壤要耙细。春季大棚栽培宜在棚内做成2~3厢平畦。②适期播种,合理密植。长江流域春季大棚保护地早熟栽培可从当年11月至翌年3月分期播种,陆续采收。播种宜采用穴播,每穴3~4粒种子,均匀散开;行穴距以35厘米×25厘米为宜。播种前浇足底水,播种后盖细土,厚度1.5~2厘米,不宜过浅或太深,不再浇水。畦面铺地膜,四周用土压严,保温保湿,以利于出苗。春季露地早熟栽培可于3月底至4月播种。③加强田间管理。幼苗出土后,及时扒开地膜以利于幼苗见光通风。3片真叶以前及时间苗1~2次,拔除弱苗、病苗和畸形苗。至"大破肚"时仅留1株健壮苗,即为定苗。幼苗期需水少,要少浇水,以便蹲苗,抑制浅根生长,而使直根深入土层。叶片生长盛期,根部逐步肥大,需水肥渐多,结合浇水,追施腐熟有机肥,此时要注意地不干不浇,地表发白才浇。根部生长旺盛期,应均匀供水,保持土壤湿润。在根部生长后期,要适当少浇水,避免大量浇水。早春气温低时,宜在上午浇水。萝卜以基肥为主,追肥为辅。并且主要在生长前期追肥2~3次,每667平方米可追施粪肥或化肥如硝铵或尿素15~20千克,切忌浓度过大和追施时靠根部太近,以免烧根。生长中后期可摘除老叶,以利于通风透光,减少病虫害的发生。春季保护地栽培的萝卜病虫害较少。露地早熟栽培中,主要病害有霜霉病、软腐病和菌核病等,害虫以菜青虫、斜纹夜蛾、蚜虫、黄曲条跳甲等为主,但为害不大,严重发生年份需要注意防治。④采收。当年11月至翌年1月播种的,播后60~65天渐次采收上市;1~4月播种的,播后55~60天可陆续采收。采收标准为肉质根充分膨大,肩部饱满圆滑,下部叶片渐次发黄。

【种植地区】 在武汉、成都、南京等市多点试种,反映良好,适合全国范围内春季保护地及露地早熟栽培。

【供种单位】 江苏省农科院蔬菜研究所 南京市孝陵卫钟灵街50号 邮编:210014

164. 万萝1号萝卜

【种　源】 以自交系60早90—4—8—3—13为父本,以雄性不育系1225A为母本杂交而成的杂种一代萝卜新品种。2000年1月通过重庆市农作物品种审定委员会审定,定名为万萝1号。

【特征特性】 植株半直立,生长势强,整齐一致,株高36~42厘米,开展度60~64厘米。板叶型,叶色深绿,叶片为23.6~27.5片。肉质根近圆形,皮、肉均为白色。单根重1千克以上,不易糠心裂口。净菜率61%。海拔600米以下的地区7月底至8月初播种,经60~65天采收;海拔600~900米的地区7月上中旬播种,经50~55天采收。每667平方米产量2 500千克左右,最高的可达6 000千克。耐热,在炎热的气候条件下几乎不发生病毒病,肉质根能正常膨大。

【栽培要点】 高温季节,最好采用营养钵育苗移栽,每667平方米栽4 500~5 000株。播种后25天左右定苗,每穴留1株。重施底肥,每667平方米施用过磷酸钙30千克,草木灰20千克,腐熟猪粪1 000千克,播种前5天施于穴底,并与穴底土壤混匀后播种或定植。适时追肥,在定苗后用淡粪水加尿素15~20千克追肥1次,在播种后40天看苗酌情追肥。干旱期间,要注意浇水抗旱。整个生长期要注意防治虫害。

【种植地区】 长江流域。

【供种单位】 重庆市三峡农业科学研究所　重庆市万州区龙宝镇　邮编:404001

第五章　胡萝卜优良品种

1.八江新黑田五寸胡萝卜

【种　源】 上海市种子公司选育。

【特征特性】 7月下旬到8月中旬播种,年内收获;8月中旬到9月播种的,可越年收获。长势旺盛,根形美观,外表光滑,根色呈浓橙红色,汁多,适合加工。根长约18~20厘米。高产。

【栽培要点】 上海市一般于7月中旬至8月初播种,株行距15厘米×18厘米。10月下旬至翌年3月下旬收获。

【种植地区】 上海及华东地区均可种植。

【供种单位】 上海市种子公司　上海市天山路780号　邮编:200051　电话:021—62747470

2.超级黑田五寸人参胡萝卜

【种　源】 山东省种子公司从日本引进。

【特征特性】 耐暑性强,适于初夏、盛夏播种栽培。播后100~110天收获。生长健壮,根部长圆筒形,浓橙红色,根长22厘米。单根重0.2~0.4千克左右。高产,商品性好,适合加工出口。

【栽培要点】 为使胡萝卜根充分生长,要求耕作层深度不小于25厘米。施肥以基肥为主,每667平方米施用2 500千克腐熟有机肥。追肥2次:一次在定苗后,一次在肉质根膨大期。播种到出苗期间应保持土壤湿润,每隔2~3天浇水1次,直至出苗整齐。肉质根膨大期一般每7~10天浇水1次,收获前10天停止浇水。

【种植地区】 华北地区。

【供种单位】 山东省种子公司　济南市花园路123号　邮

编:250100　电话:0531—8916241

3.春寒五寸参胡萝卜(一代交配)

【种　源】 河北省邢台市金日种业有限公司选育。

【特征特性】 根皮光滑,根色鲜红,有光泽,商品性好。根形优美,产量高,耐抽薹,适宜早春种植的首选品种。

【栽培要点】 应避免在排水不良地或粘土地栽培,以防止出现根皮粗糙的现象或软腐病的发生。

【种植地区】 华北地区。

【供种单位】 邢台市金日种业有限公司　邢台市新兴东路205号　邮编:054001

4.春红 F_1 胡萝卜

【种　源】 北京思地沃农业发展有限公司从国外引进的优良品种。

【特征特性】 杂交一代种。春季保护地和露地栽培,晚抽薹,叶形直立,叶片纤细,橘红色肉根,黄心少,颜色内外一致。根圆柱形,根长16~19厘米,根径4~5厘米。单根重0.12~0.15千克。味道鲜美,适宜在早春时节种植。

【栽培要点】 华北地区一般在3月下旬播种,保护地可在3月上中旬播种。其他地区可参考当地气温适时播种。春播地温较低,可以采用浸种催芽与种后覆盖方式,以保证出苗。为使胡萝卜根充分生长,要求耕作层深度不小于25厘米。施肥以基肥为主,每667平方米施用2500千克腐熟有机肥。追肥2次:一次在定苗后,一次在肉质根膨大期。播种到出苗期间应保持土壤湿润,每隔2~3天浇水1次,直至出苗整齐。肉质根膨大期一般每7~10天浇水1次,收获前10天停止浇水。

【种植地区】 全国各地根据当地气候条件适时栽培。

【供种单位】 北京思地沃农业发展有限公司 北京市阜成路42号中裕商务花园18号楼B座一层 邮编:100036 电话:010—88115854

5. 春蔚鲜红五寸胡萝卜

【种 源】 福州农播王种苗有限公司从日本引进的高品质胡萝卜品种。

【特征特性】 耐抽薹的春秋兼用品种。根部鲜红色,属于典型"三红"品种。根形好,整齐度高,根长20厘米。单根重0.2~0.25千克。叉根少,很少出现青头。市场性良好。该品种最适合于春播。

【栽培要点】 北京地区7月中旬播种,11月上中旬收获。可平畦条播,行距35厘米,株距20~25厘米。也可小高垄条播,垄距50厘米,每垄两行,株距20~25厘米。每667平方米用种量0.5千克左右。

【种植地区】 各地根据当地气候条件适时种植。

【供种单位】 福州农播王种苗有限公司 福建省福州市工业路568号福建留学人员创业园2—209 邮编:350002 电话:0591—3795697

6. 春禧1号 F_1 胡萝卜

【种 源】 哈尔滨佳禾农业开发有限公司选育。

【特征特性】 属早熟杂交品种。生长速度快,生育期100天。抗病,不易抽薹。根长20厘米,单根重0.3千克左右,肉厚圆筒形,肉质鲜红色,内外一致"三红",不易裂根,商品性佳。为春夏兼用的出口型品种。

【栽培要点】 选土壤疏松、土层深厚的田地深耕后高畦栽培,底肥要足,合理增施有机肥。华北地区一般在3月下旬播种,保护地可在3月上中旬播种。其他地区可参考当地气温适时播种。春播地温较低，可以采用浸种催芽与种后覆盖方式，以保证出苗。

【种植地区】 全国各地。

【供种单位】 哈尔滨佳禾农业开发有限公司　哈尔滨市中山路228号　邮编：150001　电话：0451—2651044

7. 冬越鲜红五寸胡萝卜

【种　源】 福州农播王种苗有限公司从日本引进的高品质胡萝卜品种。

【特征特性】 生长势强，抗热耐病，容易栽培。根部鲜红色，典型的"三红"品种，肉质佳。根长20厘米。越冬性强，不易腐烂，可陆续采收至4月。

【栽培要点】 最适于中间地夏播，冬季至翌年4月收获。也可用于暖地夏播冬收。

【种植地区】 各地根据当地具体气候条件适时种植。

【供种单位】 福州农播王种苗有限公司　福建省福州市工业路568号福建留学人员创业园2—209　邮编：350002　电话：0591—3795697

8. 多福五寸胡萝卜

【种　源】 由北京世农种苗有限公司选育而成。

【特征特性】 根形美观，颜色鲜红，商品性好。汁多且清，最适合榨汁用的品种。叶小，可密植，生长期为95～100天。

【栽培要点】 本品种主要适于秋播，北京地区7月中旬播种，11月上中旬收获。要适期栽培，防止出现抽薹，要避免在排水不良地块或粘土地上栽培。

【种植地区】 全国各地均可栽培。

【供种单位】 北京世农种苗有限公司　北京市大兴区康庄路

口福海大厦二楼　邮编:102600　电话:010－60205688

9.改良新黑田五寸参胡萝卜

【种　源】 北京思地沃农业发展有限公司从国外引进的优良胡萝卜品种。

【特征特性】 根短圆柱形,长约20厘米,基部直径4.5～5厘米。晚熟,生长势旺。干物质含量约10.1%,含糖量约6%,适合鲜食加工。

【栽培要点】 本品种主要适于秋播,北京地区7月中旬播种,11月上中旬收获。可平畦条播,行距35厘米,株距20～25厘米。也可小高垄条播,垄距50厘米,每垄两行,株距20～25厘米。每667平方米用种量0.5千克左右。

【种植地区】 全国各省、市、自治区均可种植。

【供种单位】 北京思地沃农业发展有限公司　北京市阜成路42号中裕商务花园18号楼B座一层　邮编:100036　电话:010—88115854

10.改良新黑田五寸胡萝卜

【种　源】 由北京世农种苗有限公司选育。

【特征特性】 生长快,红心率高,根形均匀一致,外观优秀。根近圆柱形,颜色鲜红,有光泽,商品性佳。耐热性好,畸形根、裂根少,抗病性强,易栽培。根长18～22厘米,根径4～4.6厘米。单根重0.22～0.26千克。

【栽培要点】 避免在排水不良地或低洼地栽培,防止出现畸形根和裂根现象。

【种植地区】 华北及西北地区。

【供种单位】 北京世农种苗有限公司　北京市大兴区康庄路口福海大厦二楼　邮编:102600　电话:010—60205688

11. 高品质三红五寸参胡萝卜(一代交配)

【种　源】 河北省邢台市金日种业有限公司育成。

【特征特性】 根形整齐,裂根少,肩头茎粗,肥大性良好。抗病性、耐暑性强,皮色及心部均为浓橙色。最适宜夏季播种冬季收获。根长18~22厘米。单根重0.2~0.25千克。

【栽培要点】 可小高垄条播,垄距50厘米,每垄两行,株距20~25厘米。每667平方米用种量0.5千克左右。应避免在排水不良地块或粘土地上栽培,以防止出现根皮粗糙的现象和软腐病的发生。

【种植地区】 华北、西北等北方部分地区均可种植。

【供种单位】 邢台市金日种业有限公司　河北省邢台市新兴东路205号　邮编:054001　电话:0319—3195171

12. 关东寒越胡萝卜

【种　源】 大连米可多国际种苗公司从国外引进。

【特征特性】 适于夏播越冬栽培,也适于当年收获,属高产型杂交种。根长18~22厘米,直根肩部平滑,尖部至肩部生长发育良好。根呈圆锥形,颜色鲜艳,呈橘红色,芯部细,颜色与根肉相同。耐暑、耐寒性强。

【栽培要点】 选土壤疏松、土层深厚的田地深耕后做成高畦栽培,底肥要足,合理增施有机肥。

【种植地区】 适合长江以南越冬栽培和长江以北小拱棚越冬栽培。

【供种单位】 大连米可多国际种苗公司　大连市西岗区英华街35号　邮编:116011　电话:0411—3640870

13. 汉中七寸参胡萝卜

【种　源】 陕西省汉中市汉台区农技中心服务部从汉中农家品种选育而成。

【特征特性】 为中晚熟品种，生育期约110天。叶簇直立，叶绿色，叶片数达12~14片时肉质根方可转红。肉质根长圆柱形，上下粗细匀直，根长20~25厘米，根径粗约5厘米，鲜重约0.2千克，根端圆，故俗称齐头红。表皮光滑，皮、肉鲜红色。中髓细小，呈橘红色，肉心比为5:1，肉质细实脆嫩，晶莹透亮，品质极佳。耐热，抗病，丰产，适宜我国大部分地区秋季生产。一般每667平方米产量4000千克。

【栽培要点】 该品种宜秋播。宜选砂壤土种植，施足底肥。汉中地区7月下旬至8月上旬播种，及时间苗，株行距以10厘米×25厘米为宜。适时中耕培土，严防畦内积水。11月中旬至翌年3月前收获。其他种植地区应根据当地气候等因素选择适宜的播期与收获期。

【种植地区】 华北及西北大部分地区。

【供种单位】 陕西省汉中市汉台区农技中心服务部　陕西省汉中市康复路17号　邮编:723000　电话:0916—2122896

14. 红福301F_1胡萝卜

【种　源】 北京思地沃农业发展有限公司从国外引进的胡萝卜优良品种。

【特征特性】 为杂交一代胡萝卜新品种。改良新黑田五寸参类型。生长势强，植株强健。根近似圆柱形。钝尖，光滑，根长19~22厘米，根径4.5~5.5厘米，根深橙红色。耐抽薹，不易裂根，适合加工出口及鲜食。

【栽培要点】 本品种主要适于秋播，北京市7月中旬播种，11

月上中旬收获。可平畦条播,行距35厘米,株距20~25厘米。也可小高垄条播,垄距50厘米,每垄两行,株距20~25厘米。每667平方米用种量0.5千克左右。

【种植地区】 华北大部分地区。

【供种单位】 北京思地沃农业发展有限公司 北京市阜成路42号中裕商务花园18号楼B座一层 邮编:100036 电话:010—88115854

15. 红心大根胡萝卜

【种　源】 北京思地沃农业发展有限公司从国外引进的优良胡萝卜品种。

【特征特性】 优良胡萝卜品种。高产,品质好,根顶部粗壮,肩部直径5~6厘米,圆锥形。表皮光滑且饱满,长约18~20厘米,外部及内部均呈红色,主要用于加工,亦可鲜食。

【栽培要点】 本品种主要适于秋播,北京地区7月中旬播种,11月上中旬收获。可平畦条播,行距35厘米,株距20~25厘米。也可小高垄条播,垄距50厘米,每垄两行,株距20~25厘米。每667平方米用种量0.5千克左右。

【种植地区】 各地区根据当地气候条件适时种植。

【供种单位】 北京思地沃农业发展有限公司 北京市阜成路42号中裕商务花园18号楼B座一层 邮编:100036 电话:010—88115854

16. 红芯四号胡萝卜

【种　源】 由北京市蔬菜中心用雄性不育系A96—5与春时金港五寸分离的H63—3—2杂交而成。

【特征特性】 生育期100~105天。冬性强,耐抽薹,适做春季露地播种。其肉质根外观光滑,形状整齐,皮、肉、中心柱颜色均为深橙红色，颜色均匀，中心柱极细，肉质细嫩。每千克鲜重胡萝卜素含量为100~125毫克。肉质根长圆柱形，根长19~21厘米，根径5厘米左右。单根重0.25~0.3千克。耐低温，低温下着色好，日膨大快，抗逆性强，也可以夏秋播种，每667平方米产量5 000千克以上。

【栽培要点】 春露地栽培，华北地区一般在3月下旬播种，保护地可在3月上中旬播种。其他地区可参考当地气温适时播种。春播地温较低，可以采用浸种催芽与种后覆盖方式，以保证出苗。为使胡萝卜根充分生长，要求耕作层深度不小于25厘米。施肥以基肥为主，每667平方米施用2 500千克腐熟有机肥。追肥2次：一次在定苗后，一次在肉质根膨大期。播种到出苗期间应保持土壤湿润，每隔2~3天浇水1次，直至出苗整齐。肉质根膨大期一般每7~10天浇水1次，收获前10天停止浇水。

【种植地区】 全国各地根据当地气候条件适时栽培。

【供种单位】 北京京研益农种苗技术中心 北京2443信箱种苗中心 邮编：100089 电话：010—88445636

17. 红芯2号胡萝卜

【种 源】 北京市蔬菜中心用不育系A96—5与日本菊阳五寸分离的自交系H111—3—2杂交而成的一代杂种。

【特征特性】 生育期100天，中熟。冬性较强，地上部长势中等，叶色深绿，叶丛半直立。抗逆性强，外表光滑、耐裂，口感极佳。肉质根皮、肉及中心柱均为浓橙色。耐热，较耐低温，适合夏秋栽培，每667平方米产量5 000~6 000千克。是鲜食与加工的理想品种。

【栽培要点】 主要适于秋播。北京市7月中旬播种，11月上中旬收获。可平畦条播，行距35厘米，株距20~25厘米。也可小高垄条播，垄距50厘米，每垄两行，株距20~25厘米。每667平方米用种量 0.5 千克左右。

【种植地区】 本品种适宜华北地区种植,其他地区可根据当地气候条件种植。

【供种单位】 北京京研益农种苗技术中心 北京 2443 信箱种苗中心 邮编:100089 电话:010—88445636

18. 红芯 1 号胡萝卜

【种 源】 北京市蔬菜中心用不育系 A96—1 与日本新黑田五寸分离的自交系 H119—5—4 杂交而成。

【特征特性】 为一代杂种,生育期 105 ~ 110 天,中早熟。冬性较强。地上部叶色浓绿,叶丛半直立,介于两亲本中间性状。耐热性强,又较耐低温,抗黑斑病及线虫病。肉质根长圆锥形,表面光滑。根长 20 ~ 21 厘米,根径 4.5 ~ 5 厘米。根皮、肉和中心柱为橙红色。中心柱细,糖分适度,口感脆甜,根形整齐。

【栽培要点】 华北地区春保护地栽培在 3 月下旬进行,春露地栽培可在 4 月上旬进行,也适宜在夏秋露地栽培。每 677 平方米产量 4 500 千克以上。

【种植地区】 华北地区春保护地栽培及夏秋露地栽培。

【供种单位】 北京京研益农种苗技术中心 北京 2443 信箱种苗中心 邮编:100089 电话:010—88445636

19. 红宇 F_1 胡萝卜(春秋用大型八寸参)

【种 源】 由哈尔滨佳禾农业开发有限公司引进。

【特征特性】 早熟。根长 26 厘米,根径 4 ~ 5 厘米,平均单根重 0.45 千克。红心,红肉,红皮。长势旺,抗病,在低温下耐抽薹,迟收不裂,不糠,不褪色,并继续生长。是鲜食和加工的高效益品种。

【栽培要点】 西北部地区播种期为 5 月下旬至 6 月上旬。每

667平方米适宜留苗2.7万～3万株。要施足基肥，以磷、钾肥为主，并加施适量氮肥。

【种植地区】 西北、华北大部分地区均可种植。

【供种单位】 哈尔滨佳禾农业开发有限公司 哈尔滨市中山路228号 邮编：150001 电话：0451—2651044

20. 红玉春莳五寸人参胡萝卜

【种 源】从国外引进的春播胡萝卜三系杂交种。

【特征特性】 根皮、根肉及芯部均为橘红色。根长20～22厘米，根径4厘米。产量高。耐热，抗病。冬性极强，耐抽薹。

【栽培要点】 露地3月中下旬播种，保护地2月播种，6～7月收获，能获得高产值高效益。

【种植地区】 华北、西北各地均可种植。

【供种单位】 山西省运城市丰宝种苗有限公司 运城市黄河大道138号 邮编：044000 电话：0359—2125776

21. 红誉五寸胡萝卜

【种 源】 大连米可多国际种苗公司从日本引进的适合于春季播种、夏季收获的反季节胡萝卜品种。

【特征特性】 属春季栽培专用型杂交一代品种。从3月中旬至4月下旬均可播种，从种到收约90天。该品种生长势强，地上部茎叶高30厘米左右。极耐抽薹，在河南省内春季种植，3年来未见一例抽薹株。肉质根为长圆柱形，长约20厘米，肉质横径约5厘米。平均单根重0.25千克。在地力好、土质疏松的地块上种植，单根重可达0.5千克。肉质根为鲜红色，红皮、红肉、红芯。芯柱和顶盖极小，表皮光滑，无疤痕，无青头，商品性极佳。肉质细腻，粗纤维含量低，口感好。适合做出口加工品种种植。粘土地每667平方米产量2 500千克左右，砂壤地可达4 000千克以上。

【栽培要点】 ①整地施肥。每667平方米施150千克EM绿色生物有机肥,5千克尿素,20千克复合肥。将地深翻25厘米左右,反复深耕犁耙2遍,将土块打碎。②做高畦。畦长8~10米,宽1.3米左右,畦沟宽30厘米,畦沟深25~27厘米(砂壤土畦沟深10~15厘米)。要求畦畦有深沟,小沟通大沟,大沟通河塘,保证排水通畅。畦面一定要平整,表土要细碎。③播种。用小锄头划0.8~1厘米深的沟,将拌有细沙土的种子撒入后覆土,覆土厚0.3厘米左右。也可撒播,将拌有细沙土的种子撒在畦面上后,反复浅搂2遍,拍实。播后在畦面上铺一层麦秸或一层地膜,以增温保墒。而后顺沟浇水,使水从沟内渗到畦面上,不得泼浇。出苗期间要始终保持畦面湿润。播种后第七天随时到田间观察,幼苗一露头就将地膜揭除,以防止高温烫伤幼苗。④管理。在4叶期前后间苗,行株距15厘米见方。间苗时要去除弱苗、小苗。热暴雨过后最好用井水浇地驱赶热气,水从田间过一下即放掉,禁止田间渍水,也不能有内涝现象,以保证胡萝卜根系的正常生长。⑤及时采收。生长80天以后,要随时到田间观察胡萝卜生长情况,在排水不畅的地方可提前采收。尤其是热暴雨过后,要随时到田间观察胡萝卜肉质根生长情况,以防止排水不畅发生烂根现象。

【种植地区】 适宜我国北方大部分地区种植。

【供种单位】 大连米可多国际种苗公司 大连市西岗区英华街35号 邮编:116011 电话:0411—3640870

22 胡萝卜 CH1070

【种 源】 大连捷怡园艺有限公司从国外引进。

【特征特性】 生长期103天左右。肉质根橙红色,锥形,圆头。单根重0.2克左右。

【栽培要点】 华北地区春播于4月中下旬播种,多采用条播方式,行株距20厘米×15厘米,7月中下旬收获;秋播于7月中下旬播种,10月下旬至11月收获。长江流域7~8月播种,11月至翌年2月可陆续收获。适宜起垄种植,使土壤疏松,以利于肉质根生长。

【种植地区】 全国各地均可种植。

【供种单位】 大连捷怡园艺有限公司 大连市沙河口区五一路23—3号 邮编:116021 电话:0411—4639648

23. 胡萝卜 CH1076

【种 源】 大连捷怡园艺有限公司从国外引进。

【特征特性】 中早熟品种,生长期107天。长根,圆锥形,抗裂,颜色鲜亮,适合于夏秋种植。

【栽培要点】 秋播于7月中下旬播种,10月下旬至11月收获。长江流域7~8月播种,11月至翌年2月可陆续收获。适宜起垄种植,使土壤疏松,以利于肉质根生长。

【种植地区】 全国各地均可种植。

【供种单位】 大连捷怡园艺有限公司 大连市沙河口区五一路23—3号 邮编:116021 电话:0411—4325045

24. 胡萝卜 CH1082

【种 源】 大连捷怡园艺有限公司从国外引进。

【特征特性】 生长期110天。根大,易于种植。高产,优质。春秋均可种植。

【栽培要点】 华北地区春播于4月中下旬播种,多采用条播方式,行株距20厘米×15厘米,7月中下旬收获;秋播于7月中下旬播种,10月下旬至11月收获。长江流域7~8月播种,11月至翌年2月可陆续收获。适宜起垄种植,使土壤疏松,以利于肉质根生长。

【种植地区】 全国各地均可种植。

【供种单位】　大连捷怡园艺有限公司　大连市沙河口区五一路23—3号　邮编:116021　电话:0411—4325045

25.胡萝卜全红2号

【种　源】　大连捷怡园艺有限公司从国外引进。

【特征特性】　适合春秋播种,经100天即可成熟。长势好,高产。中心柱非常细,抗抽薹。耐热耐旱,抗病力极强。

【栽培要点】　华北地区春播于4月中下旬播种,多采用条播方式,行株距20厘米×15厘米,7月中下旬收获;秋播于7月中下旬播种,10月下旬至11月收获。长江流域7~8月播种,11月至翌年2月可陆续收获,适宜起垄种植,使土壤疏松,以利于肉质根生长。

【种植地区】　全国各地均可种植。

【供种单位】　大连捷怡园艺有限公司　大连市沙河口区五一路23—3号　邮编:116021　电话:0411—4325045

26.全红2号胡萝卜

【种　源】　内蒙古自治区农科院蔬菜研究所育成的胡萝卜一代杂种。1997年通过内蒙古自治区农作物品种审定委员会审定。

【特征特性】　中晚熟,生长期110~120天。植株叶簇直立,根皮、肉、髓部均为橘红色。根长16~18厘米,根径4.5~5.5厘米。单根重0.19~0.26千克。每百克鲜重含胡萝卜素4.7毫克,适宜鲜食和加工。在条件适宜的地区每667平方米产量可达5 000千克。

【栽培要点】　内蒙古西部地区播种期为5月下旬至6月上旬。每667平方米适宜留苗2.7万~3万株。要施足基肥,以磷、钾肥为主,并加施适量氮肥。

【种植地区】　该品种适应性强,在我国北方地区露地种植表现优良。

【供种单位】 内蒙古自治区农科院蔬菜研究所 邮编:010031

27. 金红1号

【种 源】 内蒙古自治区农科院蔬菜研究所育成的胡萝卜一代杂种。1997年通过内蒙古自治区农作物品种审定委员会审定。

【特征特性】 中晚熟,生长期105~115天。植株叶簇直立,根皮、肉、髓部均为橘红色。根长16~17厘米,根径4.5~5厘米。单根重0.18~0.22千克。每百克鲜重含胡萝卜素4.5毫克,适宜鲜食和加工。每667平方米产量4000~4500千克。

【栽培要点】 内蒙古西部地区播种期为5月下旬至6月上旬。每667平方米适宜留苗2.7万~3万株。要施足基肥,以磷、钾肥为主,并加施适量氮肥。

【种植地区】 该品种适应性强,在我国北方地区露地种植表现优良。

【供种单位】 内蒙古自治区农科院蔬菜研究所 呼和浩特市旧城南郊呼青公路一公里 邮编:010031 电话:0471—5974913

28. 精选齐头黄胡萝卜

【种 源】 山西省运城市丰宝种苗有限公司从运城市地方优良品种提纯而成。

【特征特性】 长势强。肉质根圆柱形,上下等粗,长16~22厘米,粗4~5厘米,皮、肉、心均为米黄色。小顶齐头,肉质脆甜。每667平方米产量3000千克以上。

【栽培要点】 山西省一般6月下旬播种,露地直播行株距20厘米×15厘米。播前施足基肥,出苗后注意间苗、除草和松土。中后期抓好浇水追肥,10月中下旬收获。

【种植地区】 山西省各地。

【供种单位】 山西省运城市丰宝种苗有限公司 山西省运城市黄河大道138号 邮编:044000 电话:0359—2125776

29.井田新黑田五寸胡萝卜

【种　源】 北京井田种苗有限公司从日本引进。

【特征特性】 耐热耐寒性强。抗病。肥大快,产量高。根形正。皮、肉、心均为红色。肉质致密,口味佳。皮色光滑,有光泽。播种后110天可以充分膨大,根长18厘米。忌极端早播。

【栽培要点】 本品种耐热、耐寒性强。抽薹晚。适合高冷地5月种植。子叶展开时,如夜间温度低于13℃容易引起抽薹、黄心、根形不整等问题。

【种植地区】 全国各地。

【供种单位】 北京井田种苗有限公司 北京市朝阳区管庄西里67号1—102室 邮编:100024 电话:010—65767808或65715298

30.橘红1号

【种　源】 中国农业科学院蔬菜花卉研究所利用雄性不育系育成的一代杂种。

【特征特性】 叶簇直立,株高65厘米。肉质根钝锥形,有小尾根,根长15.5厘米,根径4.5厘米。单根重0.2千克左右。肉质根表皮、韧皮部和木质部皆为橘红色。每百克鲜根含胡萝卜素10毫克,可溶性固形物为7%以上。风味甜、脆,质佳,色鲜。每667平方米产量3 500~4 000千克。生育期115天。

【栽培要点】 本品种主要适合秋播,北京市7月中旬播种,11月上中旬收获。可平畦条播,行距35厘米,株距20~25厘米。也可小高垄条播,垄距50厘米,每垄两行,株距20~25厘米。每667

平方米用种量0.5千克左右。本品种经试种后，也可用作春播，北京市4月初小拱棚栽培抽薹率极低。春播采用简易保护栽培，既有利于全苗，促进生长，也可适度减少抽薹。春季播种量和株行距与秋季相同。

【种植地区】 北京、河北、山东、青海、内蒙古等省、市、自治区。

【供种单位】 中国农科院蔬菜花卉研究所胡萝卜课题组　北京市中关村南大街12号　邮编：100081　电话：010—62148092

31. 梅亚金红101胡萝卜

【种　源】 北京梅亚索隆迪农业科技发展有限公司育成。

【特征特性】 生育期100～110天，根长20厘米左右，横径4.5厘米，品质极好。表皮、根肉、中心柱均为红色。单根重0.15千克左右，一般每667平方米产量5 000千克左右。

【栽培要点】 主要适于秋播。北京市7月下旬播种，11月上中旬收获。可平畦条播，行距30厘米，株距20～25厘米。也可小高垄条播，垄距50厘米，每垄两行，株距15～20厘米。每667平方米用种量0.5千克左右。

【种植地区】 华北、东北地区。

【供种单位】 北京梅亚索隆迪农业科技发展有限公司　北京市丰台区新发地种业市场69号　邮编：100070　电话：010—83720360

32. 美农新黑田五寸胡萝卜

【种　源】 北京思地沃农业发展有限公司从国外引进的胡萝卜优良品种。

【特征特性】 植株生长健壮，抗病，耐热，耐寒，易栽培。无须根。叶色深绿。根呈圆柱形，长18～20厘米，中心柱和表皮均为深橙红色。单根重0.15~0.2千克。全生长期110天。适宜夏秋栽培。

【栽培要点】 主要适于秋播。北京市7月中旬播种,11月上中旬收获。可平畦条播,行距35厘米,株距20~25厘米。也可小高垄条播,垄距50厘米,每垄两行,株距20~25厘米。每667平方米用种量0.5千克左右。

【种植地区】 全国各地根据当地气候条件适时种植。

【供种单位】 北京思地沃农业发展有限公司 北京市阜成路42号中裕商务花园18号楼B座一层 邮编:100036 电话:010—88115854

33. 明珠五寸胡萝卜

【种 源】 北京世农种苗有限公司选育。

【特征特性】 根皮光滑,根色鲜红,有光泽,商品性高。根形优美,产量高。抽薹稳定。

【栽培要点】 应避免在排水不良的田地或粘土地上栽培,以防止出现根皮粗糙现象或发生软腐病。

【种植地区】 全国各地均可种植。

【供种单位】 北京世农种苗有限公司 北京市大兴区康庄路口福海大厦二楼 邮编:102600 电话:010—60205688

34. 齐诺五寸胡萝卜

【种 源】 北京井田种苗有限公司从国外引进。

【特征特性】 为杂交五寸品种。该品种适合春季种植,抽薹晚,根形整齐。根长20厘米,根径5.5厘米。比黑田系列品种产量高。

【栽培要点】 华北地区春播于4月中下旬播种,多采用条播方式,行株距20厘米×15厘米。7月中下旬收获。适宜起垄种植,使土壤疏松,以利于肉质根生长。

【种植地区】 各地根据当地气候条件适时种植。

【供种单位】 北京井田种苗有限公司 北京市朝阳区管庄西里 67 号 1—102 室 邮编:100024 电话:010—65767808 或 65715298

35. 瑞可胡萝卜

【种　源】 北京思地沃农业发展有限公司从国外引进的优良胡萝卜品种。

【特征特性】 根短圆柱形,长 17～20 厘米,基部直径4.5～6 厘米。中早熟,生长势旺,适合小胡萝卜生产,加工和鲜食均可。干物质含量约 10.6%。含糖量约 5.8%。

【栽培要点】 本品种主要适于秋播,北京市 7 月中旬播种,11 月上中旬收获。可平畦条播,行距 35 厘米,株距 20～25 厘米。也可小高垄条播,垄距 50 厘米,每垄两行,株距 20～25 厘米。每 667 平方米用种量 0.5 千克左右。

【种植地区】 各地根据当地气候条件适时种植。

【供种单位】 北京思地沃农业发展有限公司 北京市阜成路 42 号中裕商务花园 18 号楼 B 座一层 邮编:100036 电话:010—88115854

36. 三红胡萝卜

【种　源】 浙江省杭州市郊区农家品种。

【特征特性】 叶丛直立,半开张,株高 55 厘米左右。肉质根长圆柱形,长约 20 厘米,横径 2.5 厘米。表皮光滑,与内部同为橙红色;中柱细,色亦橙红。因皮、肉、心均为橙红色,故称三红胡萝卜。肉质根全部入土。单根重 0.2 千克。较晚熟,生长期 120 天左右。抗寒抗病。肉质根含水少,质脆而密,味甜,生吃熟食均佳。

是适宜加工的优良品种。

【栽培要点】　播种期为8月中下旬。撒播，间苗，行株距15厘米×15厘米，11月下旬至翌年1月下旬收获。播后要保持土壤湿润。

【种植地区】　华东大部分地区。

【供种单位】　杭州市种子公司　杭州市凤起东路81号　邮编:310020

37. 特选新黑田五寸参胡萝卜

【种　源】哈尔滨佳禾农业开发有限公司选育。

【特征特性】　生长势旺，早熟性好，易栽培。表皮光滑，尾部收尖好。播种后100～110天收获。根长18～22厘米，根径5～6厘米，中心柱小。单根重0.2～0.3千克。高产。

【栽培要点】　华北地区春播于4月中下旬播种，多采用条播方式，行株距20厘米×15厘米，7月中下旬收获；秋播于7月中下旬播种，10月下旬至11月收获。长江流域7～8月播种，11月至翌年2月可陆续收获。适宜起垄种植，使土壤疏松，以利于肉质根生长。

【种植地区】　全国大部分地区。

【供种单位】　哈尔滨佳禾农业开发有限公司　哈尔滨市中山路228号　邮编:150001　电话:0451—2651044

38. 同禧三红胡萝卜

【种　源】山西省运城市丰宝种苗有限公司育成。

【特征特性】　肉质根长圆柱形，上下等粗。根皮根肉及芯部均为深橘红色，芯柱细。商品性优秀。在国内国外皆受欢迎。根长20～22厘米，根径4厘米。每667平方米产量4 000千克以上，生食、熟食、加工皆宜。

【栽培要点】 山西省一般于6月下旬播种，露地直播株行距20厘米×15厘米。播前施足基肥，出苗后注意间苗、除草和松土。中后期抓好浇水追肥，10月中下旬收获。适宜起垄种植，使土壤疏松，以利于肉质根生长。

【种植地区】 全国大部分地区。

【供种单位】 山西省运城市丰宝种苗有限公司 山西省运城市黄河大道138号 邮编：044000 电话：0359—2125776

39. 透心红胡萝卜

【种 源】 陕西省汉中市汉台区农业技术中心服务部选育。

【特征特性】 为汉中优良的农家品种。该品种为中晚熟品种，生育期约110天。叶簇直立，叶绿色，叶片数达12～14片时肉质根方可转红。肉质根长圆柱形，上下粗细匀直，根长20～25厘米，根径约5厘米。单根重约0.2千克。根端圆，故俗名齐头红。表皮光滑，皮肉鲜红色，中髓细小呈橘红色。肉心比5∶1，肉质细且脆嫩，晶莹透亮，品质极佳。耐热，抗病，丰产，适宜我国大部分地区秋季生产。一般每667平方米产量4000千克。

【栽培要点】 适宜秋播。宜选砂壤土种植，施足底肥。汉中地区7月下旬至8月上旬播种，及时间苗，株行距以10厘米×25厘米为宜。适时中耕除草，严防畦内积水。11月中旬至翌年3月前收获。其他种植区应根据当地气候等因素选择适宜的播期与收获期。

【种植地区】 西北、华北地区。

【供种单位】 陕西省汉中市汉台区农业技术中心服务部 陕西省汉中市康复路17号 邮编：723000 电话：0916—2122896

40. 托福黑田五寸胡萝卜

【种 源】 福州农播王种苗有限公司从日本引进的高品质胡

萝卜品种。

【特征特性】 耐热抗病,生长旺盛,为根肥大快的夏播专用种。适期播种,105～120天后根长20厘米,单根重达0.3千克以上,产量高。根近圆柱形,中心柱小,"三红"率极高,品质优良,商品性好。

【栽培要点】 最适于中原地区盛夏播种,年前收获;也可以用于长江以南地区晚夏播种,冬春收获。

【种植地区】 各地根据当地具体气候条件适时种植。

【供种单位】 福州农播王种苗有限公司 福建省福州市工业路568号福建留学人员创业园2—209 邮编:350002 电话:0591—3795697

41.五寸人参胡萝卜

【种　源】 由广州市伟兴利种子有限公司选育而成。

【特征特性】 中熟,耐热,生长速度快,产量高。根长约21厘米,根径5.5厘米。适合春秋两季种植。

【栽培要点】 广州市秋播8～10月播种。撒播,播后注意保持土壤湿润,以利于出苗。苗期注意控制水分,以利于根系向深层生长。3次间苗后定苗。起垄栽培每垄栽2行,行株距15厘米×15厘米。收获期11月至翌年1月。

【种植地区】 全国各地。

【供种单位】 广州市伟兴利种子有限公司 广州市一德路190号一德花园首层110商铺 邮编:510120 电话:020—83331562

42.夏莳五寸胡萝卜

【种　源】 北京井田种苗有限公司从国外引进的优良胡萝卜品种。

【特征特性】 肥大快，产量高。根形正，皮、肉、心皆为红色。肉质致密，口味佳，皮色光滑，有光泽。播种后110天可以充分膨大，根长18厘米。忌极端早播。

【栽培要点】 耐热、耐寒性强，抽薹晚，适合高冷地5月种植。子叶展开时，如夜间温度低于13℃容易引起抽薹、黄心和根形不正等问题。

【种植地区】 内蒙古、山西、河北等省、自治区和东北地区。

【供种单位】 北京井田种苗有限公司　北京市朝阳区管庄西里67号1—102室　邮编：100024　电话：010—65767808或65715298

43.新黑田五寸101胡萝卜

【种　源】 北京思地沃农业发展有限公司从国外引进的优良胡萝卜品种。

【特征特性】 根短圆柱形，长约19～20厘米，茎基部直径4～5厘米。晚熟。生长势旺。适合加工和鲜食。

【栽培要点】 主要适于秋播，北京市7月中旬播种，11月上中旬收获。可平畦条播，行距35厘米，株距20～25厘米。也可小高垄条播，垄距50厘米，每垄两行，株距20～25厘米。每667平方米用种量0.5千克左右。

【种植地区】 全国各地可根据当地气候条件适时种植。

【供种单位】 北京思地沃农业发展有限公司　北京市阜成路42号中裕商务花园18号楼B座一层　邮编：100036　电话：010—88115854

44.新黑田五寸胡萝卜

【种　源】 北京世农种苗有限公司选育。

【特征特性】 生长势强，根部肥大快。不易抽薹。裂根少。

抗病性强。颜色深,根形优秀,产量高。根长 18~20 厘米,根径 3.6~4.5 厘米。单根重 0.22~0.28 千克。

【栽培要点】 避免在排水不良或低洼地栽培。防止出现畸形根和裂根现象。根据当地气候条件适期栽培,防止出现抽薹现象。

【种植地区】 华北地区。

【供种单位】 北京世农种苗有限公司 北京市大兴区康庄路口福海大厦二楼 邮编:102600 电话:010—60205688

45. 新黑田五寸人参胡萝卜

【种　源】 武汉恒世达种苗有限公司选育。

【特征特性】 属早熟种,生育期 100 天左右。耐热性强,生长强壮。皮、肉、心皆为红色。根长 20 厘米,根形整齐一致,肉厚,中心柱小。适宜夏播,耐抽薹、产量高。

【栽培要点】 选择沙质壤土栽培,施足基肥。播种后注意保持土壤湿润,以利于齐苗。生长中期注意追肥,后期控制浇水,防止裂根。

【种植地区】 全国各地。

【供种单位】 武汉恒世达种苗有限公司 武汉市武昌区中山路 420 号 邮编:430064 电话:027—88054197

46. 新红胡萝卜

【种　源】 天津市津南区种子公司选育。

【特征特性】 中早熟品种,播种后 90~100 天收获。可春秋两季种植。叶簇直立,肉质根长 18~20 厘米,圆锥形。平均单根重 0.2 千克左右。根表皮光滑,皮、肉、心基本均为橙红色。歧根率低。营养丰富,口感好,品质佳。每 667 平方米产量 3 000 千克以上,是鲜食与加工的理想品种。

【栽培要点】 华北地区春播丁 4 月中下旬播种,条播,行株距

20厘米×12厘米,7月中旬收获;秋播于7月中旬播种,10月下旬收获。长江流域7~8月播种,11月至翌年2月可陆续收获。适宜起垄种植,土壤要疏松,以利于肉质根生长。

【种植地区】 华北地区。

【供种单位】 天津市津南区种子公司 天津市津南区咸水沽八米路1号 邮编:300350

47.英雄 F_1 胡萝卜

【种　源】 北京思地沃农业发展有限公司从国外引入的胡萝卜优良品种。

【特征特性】 为杂交一代胡萝卜种。成熟期约90天,属早熟品种。根长约19厘米,基部直径约为7.5厘米,近圆柱形,基部宽,顶端稍钝尖。肉为深橘红色。地上部生长旺盛。适合加工用。

【栽培要点】 主要适于秋播。北京市7月中旬播种,11月上中旬收获。可平畦条播,行距35厘米,株距20~25厘米。也可小高垄条播,垄距50厘米,每垄两行,株距20~25厘米。每667平方米用种量0.5千克左右。

【种植地区】 全国各地均可种植。

【供种单位】 北京思地沃农业发展有限公司 北京市阜成路42号中裕商务花园18号楼B座一层 邮编:100036 电话:010—88115854

48.樱桃人参胡萝卜

【种　源】 福州农播王种苗有限公司从日本引进的高品质樱桃胡萝卜品种。

【特征特性】 根浓橙色,抗黑腐病。春播90天,夏播80天可收。单根长5~6厘米,根径约4厘米。单根重0.05~0.06千克。可生食或煮食。

【栽培要点】 最适于春季播种，也可以夏播。

【种植地区】 各地根据当地具体气候条件适时种植。

【供种单位】 福州农播土种苗有限公司 福建省福州市工业路568号福建留学人员创业园2—209 邮编：350002 电话：0591—3795697

49. 玉合牌新黑田五寸胡萝卜

【种 源】 北京玉合种子有限公司引进。

【特征特性】 为目前五寸长圆锥形胡萝卜中典型性较为突出的品种。肉质根富含蔗糖、葡萄糖、淀粉、胡萝卜素以及钾、钙、磷等。直根外部光滑，色泽鲜红，木质部即中心柱细小，深红色，无黄圈。叶柄细长，叶色浓绿，无发育不良及受病害侵染表现。可鲜食、炒食、煮食、酱渍和腌制等，尤适合做脱水加工蔬菜。

本品种营养生长期90～140天。最适合发芽温度为20℃～25℃，直根膨大期要求昼温13℃～23℃，夜温为13℃～18℃。夏、秋、晚春均可栽培，但是同其他黑田系列品种一样，如春播过早，遇较长时间低温会出现先期抽薹现象。

【栽培要点】 ①要求土层深厚、pH值为5～8的沙质土壤最宜。②施肥以基肥为主，追肥为辅。肥料须充分腐熟。同其他胡萝卜品种一样，粘重的土壤，未充分腐熟的基肥以及耕作不深不细，都会妨碍直根生长、产生叉根。③一般做夏、秋播种，条播行距20～30厘米，沟深2～3厘米，株距5～10厘米。每667平方米留苗4万～5万株。④幼苗7～8叶时，深锄蹲苗，促进伸根，经10～20天肉质根明显膨大时，开始充分浇水，并追施有机液肥或磷酸二铵、氯化钾等。⑤晚春播胡萝卜在播种后90～100天采收，夏播胡萝卜则在初霜前采收。

【种植地区】 华北地区。

【供种单位】 北京玉合种子有限公司 北京市朝阳区六里屯

1号楼0208室　邮编:100026　电话:65928284

50. 正大三红五寸参胡萝卜

【种　源】 江苏正大种子有限公司育成的胡萝卜一代杂种。

【特征特性】 耐热,抗病。中心柱小,红皮,红肉,红心。根长17厘米,根径4厘米。单根重0.2千克以上。

【栽培要点】 江苏地区8月播种,株行距20厘米×20厘米。11月至翌年2月收获。

【种植地区】 华东大部分地区。

【供种单位】 江苏正大种子有限公司　江苏省如东经济技术开发区　邮编:226400　电话:0513—4128004或4532095

51. 豫红1号胡萝卜

【种　源】 河南省农科院园艺研究所胡萝卜、葱韭类项目组育成。

【特征特性】 根长18~23厘米,根径5厘米左右。单根重0.3千克左右。肉质根圆柱形,皮、肉、心均为红色,歧根、裂根少,商品性佳。生长势强。抗逆、抗病性强。产量高。

【栽培要点】 河南省一般在7月下旬至8月上旬播种。每667平方米用种量0.3~0.5千克。每667平方米留苗2.8万~3.3万株。每667平方米产量4000千克左右,高产的可达量6000千克。

【种植地区】 全国各地均可种植。

【供种单位】 河南省农科院园艺研究所胡萝卜、葱韭类项目组　郑州市农业路1号园艺研究所108室　邮编:450002　电话:0371—5712107

52. 豫红2号胡萝卜

【种　源】 河南省农科院园艺研究所胡萝卜、葱韭类项目组育成。

【特征特性】 中熟品种。耐热性较好。根长18～22厘米,根径5厘米左右。单根重0.25千克。皮、肉、芯心均为红色。柱形,畸形根较少,商品性佳。生长势强,抗逆性强。产量高。适宜秋播。

【栽培要点】 河南省一般在7月下旬至8月上旬播种。每667平方米用种量0.3～0.5千克。每667平方米留苗2.8万～3.3万株。每667平方米产量4000千克左右,高产的可达6000千克。

【种植地区】 全国各地均可种植。

【供种单位】 河南省农科院园艺研究所胡萝卜、葱韭类项目组　郑州市农业路1号园艺研究所108室　邮编:450002　电话:0371—5712107

53. 豫红3号胡萝卜

【种　源】 河南省农科院园艺研究所胡萝卜、葱韭类项目组育成。

【特征特性】 圆柱形,根形整齐。根长18～22厘米,根径4～5厘米。畸形根少,肥大性好。皮、肉、心均为红色,表皮光滑,商品性好。单根重0.25～0.3千克。每667平方米产量4000千克左右,高产的可达6000千克。适宜秋播。为出口创汇优良品种。

【栽培要点】 河南省一般在7月下旬至8月上旬播种。每667平方米用种量0.3～0.5千克。每667平方米留苗2.8万～3.3万株。

【种植地区】 全国各地。

【供种单位】 河南省农科院园艺研究所胡萝卜、葱韭类项目

组　郑州市农业路1号园艺所108室　邮编:450002　电话:0371—5712107

54.日本特级三红五寸参胡萝卜

【种　源】　青岛市胶州大白菜研究所选育。

【特征特性】　生育期95~100天。叶片簇生,比较直立。肉质根圆柱形,根长15~18厘米,直径4厘米,表皮红色。韧皮部橙红色,胡萝卜素、总糖含量较高。每667平方米产量5000千克。

【栽培要点】　该品种适宜秋季栽培。鲁东地区于7月下旬至8月上旬播种,11月上旬收获。宜选择疏松的土壤或砂壤土种植。

【种植地区】　华北及西北地区。

【供种单位】　青岛市胶州大白菜研究所　青岛市胶州胶州西路33号(阳光大厦一楼)　邮编:266300

第六章 其他根菜类优良品种

1.东北理想(牛蒡)

【种 源】 福州农播王种苗有限公司从日本引进的高品质牛蒡品种。

【特征特性】 抽薹少的春秋兼用种。须根少,白肌不易裂皮,品质优良。叶6~7片,较直立,适于密植。根长75厘米左右,中等粗细。生育日数在150天左右。

【栽培要点】 最适于4~5月播种,秋冬收获。也可用于秋播夏收。

【种植地区】 各地根据当地具体气候条件适时种植。

【供种单位】 福州农播王种苗有限公司 福建省福州市工业路568号福建留学人员创业园2—209 邮编:350002 电话:0591—3795697

2.根芹菜

【种 源】 北京京研益农种苗技术中心选育的根芹菜优良品种。

【特征特性】 以脆嫩的肉质根和叶柄供食用。用于凉拌、炒食、煮食或做汤菜的香辛料,还可以榨汁做药用。一般春秋两季栽培。

【栽培要点】 北京市一般6月上中旬播种,8月定植,11月收获。保护地7月上中旬播种育苗,9月上旬定植,12月上旬至翌年2月收获。每667平方米产量2500千克左右。

【种植地区】 各地根据当地气候条件适时种植。

【供种单位】 北京京研益农种苗技术中心　北京市2443信箱　种苗中心　邮编:100089　电话:010—88445636

3.井田根芹菜

【种　源】 北京井田种苗有限公司从欧洲引进的根芹菜新品种。

【特征特性】 从欧洲引进的食根芹菜品种。肉质根细嫩,纯白,有甜味。单根重1.5千克。适合做特菜种植。适宜炒食或做汤。

【栽培要点】 北京市一般6月上中旬播种,8月定植,11月收获。保护地7月上中旬播种育苗,9月上旬定植,12月上旬至翌年2月收获。每667平方米产量2500千克左右。

【种植地区】 各地根据当地气候条件适时种植。

【供种单位】 北京井田种苗有限公司　北京市朝阳区管庄西里67号1—102室　邮编:100024　电话:010—65767808或65715298

4.井田正作牛蒡

【种　源】 北京井田种苗有限公司从国外引进。

【特征特性】 根长80厘米,根肉丰满,商品率高。白肌,食味好。可以密植栽培。抽薹晚,肥大早。春秋播种时间长。

【栽培要点】 南方地区一般3月上旬播种,撒播。当出现真叶2~3片时间苗,苗距10厘米左右。出现真叶5片时定苗,行株距25厘米×25厘米,定苗后追肥,6月中旬再追肥1次。6月下旬开始收获,一直可以收获到翌年4月。秋播于8月下旬播种,12月至翌年4月收获。

【种植地区】 主要在南方种植。

【供种单位】 北京井田种苗有限公司　北京市朝阳区管庄西

里 67 号 1—102 室　邮编：100024　电话：010—65767808 或 65715298

5. 喀吧脆芥菜

【种　源】 山东省临朐县华兴种业有限公司选育。

【特征特性】 生长期 90 天。植株生长旺盛，半直立，叶色深绿。肉质根圆锥形，光滑美观。单根重 0.5～1 千克。肉质细密紧实，纤维少，微辣，品质好，适应性强，特别适合腌渍或做辣菜食用。

【栽培要点】 适宜秋季栽培，一般 7 月下旬至 8 月上旬播种，株行距 30 厘米 × 50 厘米。10 月下旬至 11 月上旬收获。根膨大期要加强肥水管理。

【种植地区】 华北地区。

【供种单位】 山东省临朐县华兴种业有限公司　山东省临朐县七贤镇　邮编：262609　电话：0536—3690189

棚室蔬菜病虫害防治	3.50 元
北方日光温室建造及配套设施	6.50 元
南方蔬菜反季节栽培设施与建造	6.00 元
保护地设施类型与建造	9.00 元
保护地蔬菜病虫害防治	11.50 元
保护地蔬菜生产经营	16.00 元
保护地害虫天敌的生产与应用	6.50 元
蔬菜害虫生物防治	12.00 元
新编蔬菜病虫害防治手册(第二版)	9.00 元
蔬菜优质高产栽培技术120问	5.00 元
商品蔬菜高效生产巧安排	4.00 元
果蔬贮藏保鲜技术	4.50 元
大白菜高产栽培(修订版)	3.50 元
南方白菜类蔬菜反季节栽培	6.00 元
紫苏菠菜大白菜出口标准与生产技术	11.50 元
萝卜高产栽培(修订版)	4.00 元
牛蒡萝卜胡萝卜出口标准与生产技术	7.00 元
萝卜胡萝卜无公害高效栽培	7.00 元
根菜叶菜薯芋类蔬菜施肥技术	5.50 元
南方瓜类蔬菜反季节栽培	8.50 元
黄瓜高产栽培(第二版)	5.00 元
黄瓜保护地栽培	7.00 元
大棚日光温室黄瓜栽培	7.00 元
黄瓜病虫害防治新技术	2.50 元
黄瓜无公害高效栽培	9.00 元
冬瓜南瓜苦瓜高产栽培	5.00 元
冬瓜保护地栽培	4.00 元
冬瓜佛手瓜无公害高效栽培	8.50 元
苦瓜优质高产栽培	7.00 元
茼蒿蕹菜无公害高效栽培	6.50 元
苦瓜丝瓜无公害高效栽培	7.50 元
甜瓜无公害高效栽培	8.50 元
南瓜栽培新技术	6.00 元
西葫芦与佛手瓜高效益栽培技术	3.50 元
苦瓜丝瓜佛手瓜保护地栽培	3.50 元
西葫芦保护地栽培技术	5.00 元
西葫芦保护地栽培	4.00 元
西葫芦南瓜无公害高效栽培	8.00 元
越瓜菜瓜栽培技术	4.00 元
精品瓜优质高效栽培技术	7.50 元
瓜类蔬菜周年生产技术	14.00 元
瓜类蔬菜病虫害诊断与防治原色图谱	45.00 元
茄子高产栽培	2.00 元
茄子保护地栽培	4.50 元